Dominio del adiestramiento canino con refuerzo positivo

Técnicas basadas en recompensas para lograr la obediencia y resolver problemas de comportamiento comunes de su compañero canino

Willow Peterson

Copyright © 2024 por Willow Peterson

Reservados todos los derechos. Ninguna parte de este libro puede reproducirse, distribuirse o transmitirse sin el permiso previo por escrito del editor, excepto citas breves en una reseña. Este libro está destinado únicamente para uso educativo y personal.

Descargo de responsabilidad

El contenido de este libro proporciona consejos generales sobre el adiestramiento canino. No sustituye la formación profesional ni la atención veterinaria. El autor y el editor no son responsables de los resultados resultantes del uso de esta información. Consulte siempre a un profesional para problemas específicos.

Como criador de perros profesional experimentado con más de dos décadas de experiencia, he dedicado mi carrera a mejorar la salud y el comportamiento canino a través de prácticas de cría responsables. Este libro refleja mi compromiso con la cría ética y mi pasión por criar perros felices y completos. Espero que los conocimientos y técnicas compartidos aquí te ayuden a crear un vínculo armonioso con tu compañero canino, asegurándose una vida de alegría y compañerismo.

Willow Peterson

Contenido

Introducción   7

Capítulo uno   13

La evolución del adiestramiento canino con refuerzo positivo   13

   Perspectiva histórica: del castigo a los métodos positivos   13

   La ciencia detrás del refuerzo positivo   16

   Consideraciones éticas en el adiestramiento canino moderno   20

Capítulo dos   27

Comprender la psicología y el comportamiento canino   27

   Decodificando el lenguaje corporal y la comunicación del perro   27

   Motivación, impulso y teoría del aprendizaje en perros   33

   El impacto de las características de la raza en el

    entrenamiento   40

Capítulo Tres   **51**

Herramientas y técnicas esenciales para el entrenamiento positivo   **51**

    Elegir y utilizar recompensas efectivas   51

    Entrenamiento con clicker y palabras marcadoras 59

    Integración de tecnología: aplicaciones y dispositivos en formación   69

Capítulo cuatro   **83**

Construyendo una base sólida: las piedras angulares de la formación   **83**

    Establecer confianza y simpatía   83

    Enfoque y atención de la enseñanza   92

    El poder de la coherencia y el tiempo   102

Capítulo cinco   **115**

Obediencia Básica e Intermedia   **115**

    Dominar los comandos fundamentales   115

    Habilidades con correa y recuperación confiable 119

    Comportamientos de prueba en diversos entornos 123

Capítulo Seis   **129**

Modificación de conducta y resolución de problemas 129

    Abordar problemas de comportamiento comunes 129

    Ansiedad, miedo y agresión: enfoques positivos   134

    Técnicas de desensibilización y contracondicionamiento   139

Capítulo Siete   **147**

Entrenamiento avanzado y desafíos cognitivos   147

    Comandos complejos y comportamientos de varios pasos   147

    Enseñar y utilizar trucos   152

    Trabajo olfativo y actividades de estimulación mental.   158

Capítulo Ocho   **165**

Escenarios de formación especializada   165

    Entrenamiento de cachorros: empezar bien   165

    Perros mayores: métodos de adaptación para caninos mayores   171

Capacitación para la Terapia y el Trabajo de Servicio 177

Capítulo Nueve   **185**

Superar los desafíos del entrenamiento   **185**

Solución de problemas de errores comunes de entrenamiento   185

Superando los estancamientos del entrenamiento 191

Adaptarse a las personalidades individuales de los perros   198

Capítulo Diez   **207**

Integración del estilo de vida y éxito a largo plazo 207

Incorporar el entrenamiento a las rutinas diarias   207

El papel de la nutrición y el ejercicio en el comportamiento   213

Educación continua: mantener las habilidades actualizadas   221

Oferta especial   **229**

20 golosinas caseras que son efectivas para el adiestramiento de refuerzo positivo de perros   229

Introducción

¿Sabías que el refuerzo positivo es tan poderoso que puede enseñar a las gallinas a tocar el piano y a los delfines a recoger basura del océano? Este mismo principio, cuando se aplica al adiestramiento canino, puede transformar incluso a los caninos más desafiantes en compañeros felices y de buen comportamiento. Bienvenido a "Dominio del adiestramiento canino con refuerzo positivo", una guía completa que revolucionará su enfoque de la educación canina y fortalecerá el vínculo entre usted y su amigo de cuatro patas.

Mi viaje al mundo del adiestramiento canino con refuerzo positivo comenzó hace más de dos décadas, cuando entré por primera vez en un refugio local como voluntario. Allí, en medio de la cacofonía de ladridos y gemidos, conocí a Max, un bullicioso pastor alemán con predilección por saltar sobre la gente y un completo desprecio por el espacio personal. El personal del refugio prácticamente había renunciado a buscarle un hogar, calificándolo de "demasiado enérgico" e "ingobernable".

Decidida a demostrarles que estaban equivocados, tomé a Max bajo mi protección. Armado únicamente con un clicker, una bolsa llena de golosinas y una creencia inquebrantable en el poder del refuerzo positivo, me propuse transformar este diamante en bruto. En cuestión de semanas, la transformación de Max fue nada menos que milagrosa. El alguna vez rebelde perro ahora se sentaba tranquilamente para recibir saludos, caminaba cortésmente con una correa y dominaba una impresionante variedad de trucos. Max no sólo encontró su hogar definitivo, sino que también se convirtió en un testimonio de la eficacia del refuerzo positivo.

Inspirado por el éxito de Max, profundicé en el mundo del adiestramiento canino. Me convertí en un criador de perros de renombre, especializándome en razas de trabajo conocidas por su inteligencia y alta energía. Cada camada presentó nuevos desafíos y oportunidades para perfeccionar mis técnicas de refuerzo positivo. Desde enseñar a una camada de cachorros de Border Collie a arrear cuando se les ordenaba, hasta ayudar a un gran danés ansioso a superar su miedo a los viajes en automóvil, cada perro con el que trabajé agregó una nueva dimensión a mi comprensión de la psicología canina y el arte del entrenamiento positivo.

En mi memoria destaca un caso particular: un pastor alemán policía retirado llamado Ranger. Su anterior manejador había utilizado métodos tradicionales basados en correcciones, dejando a Ranger estresado y reactivo. Utilizando los principios del refuerzo positivo, no sólo "desentrenamos" sus asociaciones negativas sino que también reconstruimos su confianza. Ver a Ranger transformarse de un perro tenso e inseguro a un compañero alegre y ansioso por aprender fue un poderoso recordatorio de por qué elegí este camino.

A través de años de experiencia, innumerables éxitos y sí, incluso algunos fracasos humillantes, he perfeccionado un sistema de entrenamiento de refuerzo positivo que es a la vez eficaz y compasivo. Este libro es la culminación de ese viaje: una guía completa que le proporcionará el conocimiento, las habilidades y la mentalidad necesarios para dominar el arte del adiestramiento canino con refuerzo positivo.

Ya sea que sea dueño de un perro por primera vez y quiera comenzar con la pata derecha, o un adiestrador experimentado que busque perfeccionar sus habilidades, este libro será su hoja de ruta para crear una relación armoniosa y llena de alegría con su compañero canino. Entonces, toma un clicker, abastece de golosinas y prepárate para embarcarte en un viaje transformador que cambiará la forma en que te comunicas con tu perro para siempre. ¡Bienvenido al mundo del dominio del adiestramiento canino con refuerzo positivo!

Capítulo uno

La evolución del adiestramiento canino con refuerzo positivo

Perspectiva histórica: del castigo a los métodos positivos

El viaje de los enfoques de adiestramiento canino ha sido largo y variado, marcado por importantes modificaciones en el pensamiento y el enfoque. Históricamente, el adiestramiento canino se centraba a menudo en la teoría de la dominancia y el empleo de medidas punitivas. Esta técnica, basada en malentendidos sobre la dinámica de la manada de lobos, pensaba que los caninos necesitaban ser dominados para ser entrenados de manera eficiente.

A principios del siglo XX, el adiestramiento de perros militares y policiales afectó profundamente las prácticas civiles. Estos enfoques generalmente se basaban en la fuerza y la coerción, utilizando cadenas de estrangulamiento, collares con púas y correcciones físicas. La idea era que los perros aprendieran evitando la incomodidad o el dolor. Esta mentalidad perduró durante décadas, y entrenadores como William Koehler popularizaron métodos duros en las décadas de 1960 y 1970.

Sin embargo, la marea comenzó a cambiar en la segunda mitad del siglo XX. Los conductistas animales pioneros como B.F. Skinner introdujeron el concepto de condicionamiento operante, sugiriendo que el comportamiento puede moldearse a través de las consecuencias. Esto sentó las bases para un enfoque más humano en el adiestramiento animal.

En las décadas de 1980 y 1990 se produjo un cambio en la teoría del adiestramiento canino. Karen Pryor, entrenadora de mamíferos marinos, introdujo principios de refuerzo positivo en el adiestramiento canino, presentando al público el adiestramiento con clicker. Ian Dunbar, veterinario y conductista animal, enfatizó la necesidad de una socialización temprana de los cachorros y enfoques de entrenamiento no violentos.

A medida que estas tácticas positivas ganaron fuerza, los entrenadores y propietarios comenzaron a experimentar mejoras extraordinarias. Los perros entrenados con refuerzo positivo no sólo se portaron bien sino que también demostraron pasión por aprender. Esta medida cuestionó la idea arraigada de que un entrenamiento eficaz requería fuerza o miedo.

Hoy en día, aunque algunos adiestradores todavía se aferran a métodos anticuados, el mundo del adiestramiento canino acepta principalmente el refuerzo positivo. Los adiestradores modernos reconocen que crear una relación basada en la confianza y el entendimiento mutuo conduce a parejas caninas más confiables y felices. La evolución continúa a medida que un nuevo estudio refina nuestra comprensión de la cognición y el aprendizaje canino, aumentando siempre nuestra capacidad de interactuar de manera efectiva con nuestros amigos de cuatro patas.

La ciencia detrás del refuerzo positivo

El refuerzo positivo en el adiestramiento canino no es sólo un método humano; está construido sobre bases científicas sólidas. En su fundamento, esta estrategia se fundamenta en la idea psicológica del condicionamiento operante, definida inicialmente por B.F. Skinner a mediados del siglo XX. El condicionamiento operante implica que es probable que las conductas seguidas de resultados positivos se repitan, mientras que las seguidas de consecuencias negativas probablemente se desvanezcan.

En el contexto del adiestramiento canino, el refuerzo positivo incluye recompensar las conductas deseadas para aumentar su frecuencia. Este incentivo puede ser cualquier cosa que el perro encuentre motivado: golosinas, elogios, juego o acceso a algo que valora. Cuando un perro realiza un comportamiento deseado y obtiene una recompensa, ocurren muchos procesos cerebrales críticos:

1. Liberación de dopamina: El cerebro libera dopamina, una sustancia química asociada con el placer y la recompensa. Esto desarrolla un estado emocional favorable asociado con el comportamiento.

2. Fortalecimiento de la vía cerebral: Los vínculos repetidos entre el comportamiento y la recompensa construyen vías cerebrales, lo que hace que el comportamiento sea más probable que ocurra en el futuro.

3. Asociación cognitiva: El perro aprende a identificar la actividad específica con un resultado favorable, generando un conocimiento claro de causa y efecto.

La investigación sobre cognición canina ha revelado que los caninos tratados con refuerzo positivo no sólo aprenden más rápido sino que también retienen mejor la información. Un estudio publicado en el Journal of Veterinary Behavior en 2014 demostró que los perros entrenados con refuerzo positivo mostraban niveles de estrés más bajos y mejores habilidades para resolver problemas en comparación con aquellos entrenados con enfoques desagradables.

Además, la teoría del refuerzo positivo se extiende más allá del simple aprendizaje de órdenes específicas. Desempeña una función fundamental en el desarrollo emocional y los vínculos sociales. Las interacciones positivas durante las sesiones de entrenamiento mejoran los niveles de oxitocina tanto en perros como en humanos, mejorando el vínculo entre humanos y animales.

Otro componente esencial es el momento del refuerzo. Los estudios han indicado que el incentivo debe ocurrir dentro de medio segundo del comportamiento objetivo para un mejor aprendizaje. Esta idea ha llevado a la creación de tecnologías como los clickers, que permiten etiquetar con precisión los comportamientos.

La evidencia científica del refuerzo positivo continúa desarrollándose, con investigaciones continuas en áreas como el sesgo cognitivo, el contagio emocional y el aprendizaje social en perros. Esta colección de información en constante expansión permite a los entrenadores y propietarios mejorar sus habilidades, haciendo que el entrenamiento sea más efectivo y mejorando la relación entre los humanos y sus amigos caninos.

Consideraciones éticas en el adiestramiento canino moderno

A medida que nuestra comprensión de la cognición y el bienestar canino ha mejorado, también lo ha hecho el marco ético en torno al adiestramiento canino. El adiestramiento canino moderno no se trata simplemente de adquirir obediencia; se trata de construir una relación de ayuda y respeto mutuo entre humanos y perros. Esta transformación ha puesto en primer plano varias consideraciones éticas importantes:

1. Bienestar y Bienestar: Los enfoques de refuerzo positivo priorizan el bienestar mental y emocional del perro. A diferencia de los métodos punitivos que pueden inducir miedo y ansiedad, el entrenamiento positivo promueve un entorno en el que los perros están ansiosos por aprender y conectarse. La obligación ética es entrenar de forma que aumente la calidad de vida del perro en lugar de disminuirla.

2. **Consentimiento y elección**: Las teorías modernas del adiestramiento suelen implicar el concepto de ofrecer a los perros opciones dentro del proceso de adiestramiento. Esto puede implicar permitir que el perro elija dentro o fuera de las sesiones de entrenamiento o emplear pruebas de consentimiento antes de las interacciones. La perspectiva ética aquí es que los perros deben ser participantes voluntarios en su entrenamiento, no sujetos coercitivos.

3. **Enfoques sin fuerza**: Existe un consenso ético cada vez mayor de que el uso de la fuerza, el dolor o la intimidación en el entrenamiento es innecesario

y potencialmente perjudicial. Esto incluye rechazar artículos como collares de choque, collares de púas o cualquier dispositivo destinado a causar sufrimiento. El argumento ético es que si podemos obtener los mismos o mayores objetivos sin causar daño, estamos obligados a hacerlo.

4. Necesidades y capacidades individuales: El entrenamiento ético entiende que cada perro es un individuo con necesidades, miedos y capacidades distintas. Esto implica adaptar las tácticas de entrenamiento al perro en lugar de forzar un método único para todos. Se trata de reconocer las limitaciones del perro y trabajar dentro de ellas.

5. Transparencia y Educación: Existe el deber ético de los entrenadores y conductores de ser sinceros sobre sus métodos y educar a los propietarios sobre las ideas detrás del refuerzo positivo. Esto implica refutar las falacias sobre la teoría de la dominancia y explicar por qué ciertas tácticas obsoletas ahora se consideran inmorales.

6. Enfoque holístico: El entrenamiento ético considera al perro en su totalidad: su salud física, sus demandas de estimulación mental y sus comportamientos específicos de su especie. Esto implica no sólo entrenar la obediencia, sino también garantizar que el perro tenga salidas adecuadas para sus actividades naturales.

7. Sensibilidad cultural: A medida que el adiestramiento canino se vuelve cada vez más mundial, existe una necesidad ética de reconocer las distinciones culturales en las conexiones entre humanos y perros y al mismo tiempo defender técnicas universalmente compasivas.

8. Aprendizaje continuo: El entrenador ético se compromete con la educación continua, manteniéndose actualizado con las últimas investigaciones en comportamiento y cognición canina. Esto garantiza que los enfoques de adiestramiento evolucionen de acuerdo con nuestra creciente comprensión de los perros.

9. Promoción: Muchos en la comunidad del refuerzo positivo perciben un deber ético de abogar por un mejor tratamiento de los perros en todos los sectores de la sociedad, desde las mascotas personales hasta los perros de trabajo.

10. Impacto a largo plazo: El entrenamiento ético considera las implicaciones a largo plazo para el perro. Los métodos que pueden lograr resultados rápidos pero que causan heridas psicológicas duraderas se descartan en favor de enfoques que establezcan una confianza duradera.

Estas consideraciones éticas han llevado a cambios considerables en la forma de entrenar a los perros, no sólo en los hogares sino también en contextos profesionales como consultas veterinarias, refugios y grupos de perros de servicio. Representan un mayor cambio social hacia la visión de los animales como criaturas sensibles que merecen respeto y trato afectuoso.

La base ética del adiestramiento canino moderno sigue creciendo, lo que empuja a los adiestradores y propietarios a revisar constantemente sus métodos y objetivos. Ya no se trata simplemente de tener un perro que se porte bien; se trata de fomentar una conexión basada en la comprensión mutua, el respeto y las experiencias placenteras. Este enfoque ético no sólo beneficia a los perros individualmente, sino que también contribuye a una sociedad más compasiva en general, beneficiando las vidas tanto de los perros como de los humanos que los aman.

Capítulo dos

Comprender la psicología y el comportamiento canino

Decodificando el lenguaje corporal y la comunicación del perro

Comprender el lenguaje corporal canino es vital para una comunicación y un entrenamiento eficientes. Los perros emplean un sofisticado sistema de pistas visuales, auditivas y olfativas para expresar sus emociones, intenciones y necesidades. Al aprender a reconocer estas señales, podemos responder mejor a las necesidades de nuestros perros y evitar malentendidos que podrían generar problemas de comportamiento.

Señales visuales:

1. Posición y movimiento de la cola: Menear la cola no siempre implica satisfacción. La posición y la velocidad del meneo pueden indicar distintas emociones:

- Meneo alto y rígido: estado de alerta o agresión potencial.
- Meneo bajo y lento: Inseguridad o rendición.
- Meneo amplio y relajado: Amabilidad y alegría.

2. Posición de la oreja:

- Orejas hacia delante: Alertas y atentas
- Orejas echadas hacia atrás: Temeroso o servil
- Oídos relajados: tranquilos y contentos.

3. Contacto visual y mirada:

- Mirada directa: Puede ser agresiva u hostil.
- Mirada suave: Amable y relajada.
- Ojo de ballena (mostrando el blanco de los ojos): Ansiedad o malestar

4. Expresiones bucales y faciales:

- Boca relajada y ligeramente abierta: Contento y tranquilo.
- Boca apretada, apretada: Tensión o estrés
- Lamerse los labios (cuando no esté relacionado con la comida): Estrés o apaciguamiento

5. Postura corporal:
- Postura alta y rígida: Confianza o posible agresión.
- Cuerpo agachado, cola metida: Sumisión o miedo
- Jugar arco: Invitación a jugar o interacción amistosa.

Señales auditivas:
Los perros utilizan varias vocalizaciones para comunicarse:
1. Ladridos: pueden significar estado de alerta, entusiasmo o demanda de atención.
2. Gruñidos: señal de advertencia, pero también se utiliza en el juego.
3. Quejidos: estrés, preocupación o deseo de atención.

4. Aullidos: comunicación a larga distancia o respuesta a sonidos.

Comunicación olfativa:
Los perros tienen un sentido del olfato muy desarrollado y emplean marcas olfativas para comunicarse:
1. Marcado de orina: Marcado de territorio, dejando información para otros perros
2. Secreciones de las glándulas anales: identificadores únicos, comúnmente liberados cuando se tiene miedo.

Comprender las señales calmantes:
El entrenador de perros noruego Turid Rugaas identificó una serie de acciones que los perros utilizan para relajarse y relajar a los demás, que incluyen:
1. Bostezar: cuando no está fatigado, puede sugerir estrés o un intento de resolver una situación.
2. Lamerse la nariz: a menudo es un indicio de tensión o incertidumbre menor.

3. Girar la cabeza: señal de evasión o de calma

4. Olfatear el suelo: Puede ser una actividad de desplazamiento en condiciones de estrés

El contexto es clave:

Es fundamental evaluar la situación completa para comprender el lenguaje corporal del perro. Una sola señal puede tener numerosos significados según la situación y los comportamientos relacionados.

Importancia en la formación:

Reconocer y responder adecuadamente al lenguaje corporal de un perro es vital en el adiestramiento:

1. Ayuda a determinar cuándo un perro se siente incómodo o estresado, lo que permite al adiestrador cambiar su enfoque.

2. Comprender las señales tranquilizadoras puede prevenir la escalada de acciones indeseables.

3. Reconocer los indicadores de compromiso y pasión ayuda a fomentar acciones positivas.

Interpretaciones erróneas comunes:

Algunas malas interpretaciones humanas comunes del comportamiento canino incluyen:

1. Confundir una sonrisa mansa con agresión
2. Interpretar el salto como dominancia en lugar de excitación o comportamiento de saludo.
3. Asumir que meneando la cola siempre significa un perro feliz

Al dominar el lenguaje corporal canino, los entrenadores y dueños pueden desarrollar una relación más armoniosa con sus perros, lo que lleva a un entrenamiento más efectivo y a un apego más profundo. Esta comprensión constituye la piedra angular de todos los enfoques de entrenamiento con refuerzo positivo, permitiéndonos responder a las necesidades y emociones de nuestros perros con empatía y precisión.

Motivación, impulso y teoría del aprendizaje en perros

Comprender la motivación, el impulso y la teoría del aprendizaje canino es importante para un buen adiestramiento canino. Estos conceptos nos permiten personalizar nuestros enfoques de entrenamiento para perros individuales y optimizar su capacidad de aprendizaje y modificación de comportamiento.

Motivación en perros:
La motivación se refiere al estado interno que empuja a un perro a ejecutar comportamientos particulares. Los componentes clave de la motivación incluyen:

1. Reforzadores primarios: son estímulos inherentemente gratificantes como la comida, el juego y la atención. Cumplen demandas biológicas

básicas y son motivadores importantes en el entrenamiento.

2. Reforzadores secundarios: son asociaciones aprendidas que predicen los reforzadores principales, como los clickers o los marcadores verbales en el entrenamiento.

3. Jerarquía de requisitos: similar a la jerarquía de personas de Maslow, los perros tienen una jerarquía de requisitos que impulsan su motivación. Las necesidades básicas (alimentos, agua, seguridad) deben abordarse antes de que las demandas de nivel superior (juego, aprendizaje) se convierten en motivadores eficaces.

4. Preferencias individuales: Cada perro tiene motivadores distintos. Algunos pueden estar impulsados por la comida, mientras que otros responden mejor al juego o los elogios.

Perros de autocine:

El impulso se refiere al grado de motivación de un perro para realizar tareas particulares. Los impulsos comunes en los perros incluyen:

1. Prey Drive: El instinto de perseguir y capturar. Alto en varias razas de pastoreo y caza.
2. Colecta de Alimentos: La motivación para obtener alimentos. Varía significativamente entre los individuos.
3. Play Drive: El impulso para participar en actividades divertidas. A menudo se utiliza en entrenamiento basado en recompensas.
4. Pack Drive: El instinto de ser parte de un grupo social. Influye en la conexión con los humanos.
5. Impulso de defensa: El impulso para protegerse a uno mismo o a los recursos. Puede surgir como hostilidad si no se maneja adecuadamente.

Comprender los impulsos primarios de un perro ayuda a elegir los métodos de entrenamiento y las recompensas adecuadas.

Teoría del aprendizaje en perros:
Los perros aprenden de varias maneras, basándose principalmente en los conceptos de condicionamiento clásico y operante:

1. Condicionamiento clásico (Condicionamiento pavloviano):
- Implica formar relaciones entre estímulos.
- Ejemplo: Un perro aprende a asociar el sonido de una bolsa de golosinas con la comida.

2. Condicionamiento Operante:
- Implica aprender a través de las consecuencias de las acciones.
- Cuatro cuadrantes:
a) Refuerzo Positivo: Agregar un incentivo para promover la conducta.
b) Refuerzo Negativo: Eliminar una aversión a un mayor comportamiento.
c) Castigo Positivo: Añadir malestar para disminuir la conducta.

d) Castigo Negativo: Quitar una recompensa para desalentar una conducta.

3. Aprendizaje social:
- Los caninos pueden aprender observando a otros caninos o humanos.
- Incluye principios como el comportamiento alelomimético (mimetismo) y la facilitación social.

4. Habituación y Sensibilización:
- Habituación: Disminución de la capacidad de respuesta a estímulos repetidos.
- Sensibilización: Aumento de la reacción ante estímulos repetidos.

5. Extinción:
- La lenta pérdida de la conducta aprendida cuando ya no se refuerza.

6. Generalización y Discriminación:
- Generalización: Aplicar conductas aprendidas a contextos similares.

- Discriminación: Distinguir entre distintos estímulos o circunstancias.

Aplicar la teoría del aprendizaje en la formación:
1. Tiempo: el refuerzo debe ocurrir dentro de medio segundo del comportamiento deseado para un aprendizaje óptimo.
2. Coherencia: La aplicación consistente de refuerzos o sanciones es vital para una comunicación clara.
3. Dar forma: reforzar gradualmente las aproximaciones al comportamiento deseado.
4. Encadenamiento: Construir comportamientos complejos vinculando otros más simples.

El papel de la emoción en el aprendizaje:
Investigaciones recientes destacan el papel del estado emocional en el aprendizaje:
1. Los estados emocionales positivos aumentan el aprendizaje y la formación de la memoria.

2. El estrés y el miedo pueden obstaculizar el aprendizaje y provocar conductas de evitación.

Habilidades cognitivas en perros:
Comprender la cognición canina ayuda a establecer protocolos de entrenamiento exitosos:
1. Las habilidades para resolver problemas difieren entre individuos y razas.
2. Los perros pueden comprender la permanencia de los objetos y tener cierto nivel de pensamiento inferencial.
3. Han demostrado tener la capacidad de aprender por imitación y pueden responder a los movimientos y expresiones faciales humanas.

Al fusionar nuestra comprensión de la motivación, el impulso y la teoría del aprendizaje, los entrenadores pueden desarrollar técnicas individualizadas que respeten las necesidades y capacidades específicas de cada perro. Esta información permite enfoques de entrenamiento más eficientes, efectivos y humanos, estableciendo un vínculo más estrecho entre los caninos y sus compañeros humanos mientras se logran los objetivos de comportamiento deseados.

El impacto de las características de la raza en el entrenamiento

Si bien la personalidad individual tiene un papel considerable en la capacidad de adiestramiento y el comportamiento de un perro, las características de la raza pueden tener un profundo impacto en las tácticas y los resultados del adiestramiento. Comprender estas cualidades específicas de la raza permite a los entrenadores y propietarios personalizar sus tácticas de manera eficiente, aumentando el éxito y disminuyendo la frustración tanto de los perros como de los humanos.

Grupos de razas y sus rasgos generales:

1. Perros pastores (por ejemplo, border collies y pastores alemanes):

- Alta inteligencia y capacidad de entrenamiento.
- Fuerte ética de trabajo y necesidad de estimulación mental.
- Puede mostrar tendencias de pastoreo como pellizcar o dar vueltas.
- Enfoque de entrenamiento: Actividades complejas, agilidad, obediencia avanzada.

2. Perros deportivos (p. ej., labradores retrievers, pointers):

- Necesidades altas de energía y ejercicio.
- Generalmente dispuesto a complacer y receptivo al entrenamiento.
- Fuertes instintos de recuperación.
- Enfoque de entrenamiento: juegos de recuperación, trabajo con olores, actividades acuáticas.

3. Perros de trabajo (p. ej., dóberman, rottweiler):

- Fuertes instintos protectores.
- Inteligente y entrenable, pero puede ser autónomo
- Necesidad de un liderazgo claro y una formación constante
- Enfoque formativo: Obediencia, trabajo protector, tareas de servicio.

4. Terriers (p. ej., Jack Russell Terriers, Airedale Terriers):

- Gran impulso de presa e inclinación a cavar.
- Independiente y a veces testarudo
- Energéticos y requieren estimulación mental.
- Enfoque de entrenamiento: control de impulsos, entrenamiento de recuperación, actividades de perros terrestres.

5. Sabuesos (p. ej., bagels, sabuesos):

- Fuerte capacidad olfativa e inclinación a seguir sus narices.
- Puede ser difícil entrenar debido a las distracciones olfativas.
- A menudo motivado por la comida.

- Enfoque de entrenamiento: trabajo olfativo, entrenamiento de la memoria, control de impulsos.

6. Razas de juguete (p. ej., chihuahuas, pomeranias):
- A menudo vinculados a sus dueños, pueden sufrir ansiedad por separación.
- Puede ser propenso a ladrar
- Puede tener problemas con las tareas físicas debido al tamaño.
- Enfoque del entrenamiento: Socialización, obediencia básica, abordar el síndrome del perro pequeño.

7. Perros no deportivos (por ejemplo, bulldogs, dálmatas):
- Grupo diverso con rasgos variados.
- Algunas razas pueden ser testarudas o independientes.
- A menudo son buenos perros de compañía.

- Enfoque de entrenamiento: varía considerablemente dependiendo de una raza específica.

Consideraciones específicas de la raza en el entrenamiento:

1. Niveles de energía:
Las razas con mucha energía como el Border Collie o el Vizslas requieren una mayor estimulación física y mental. Las sesiones de entrenamiento para estas razas deberían ser más largas y frecuentes y contener ejercicios que desafíen tanto al cuerpo como a la mente.

2. Capacidad de atención:
Las razas criadas para trabajos de resistencia, como los perros esquimales, pueden tener una menor capacidad de atención para tareas repetitivas. Las sesiones de entrenamiento para estos animales deben ser breves y diversas.

3. Motivaciones y Recompensas:

Si bien la comida es un incentivo universal, algunas razas responden mejor a otras recompensas. Los perros perdigueros suelen trabajar bien con recompensas de juguetes, pero las razas de pastoreo pueden encontrar satisfactoria la actividad en sí.

4. Sensibilidades sensoriales:

Algunas razas, como muchos perros pastores, pueden ser sensibles al sonido o al movimiento. El entorno de entrenamiento debe cambiarse adecuadamente para evitar la sobreestimulación.

5. Necesidades sociales:

Las razas con fuertes instintos de manada, como los Beagles o los Labrador Retrievers, pueden sufrir con la soledad. La capacitación debe incluir habilidades para reducir la ansiedad por separación.

6. Unidad de presa:

El alto impulso de presa en razas como los lebreles puede hacer que la confiabilidad sin correa sea problemática. En estas razas se requiere un esfuerzo adicional para recordar y controlar los impulsos.

7. Instintos protectores:
Las razas con fuertes instintos de protección, como los Rottweilers o los Chow Chows, requieren una socialización y un entrenamiento exhaustivos para controlar las acciones protectoras de forma responsable.

8. Posibilidad de ofertar:
Algunas razas, como los caniches o los golden retrievers, se destacan por su capacidad de oferta (voluntad de trabajar con humanos). Otros, como los lebreles afganos o los basenjis, son más autónomos y pueden requerir tácticas de entrenamiento alternativas.

9. Capacidades Físicas:

Las razas braquicéfalas (perros de cara plana) pueden tener límites de ejercicio que afectan la duración y la intensidad del entrenamiento. Del mismo modo, las razas propensas a la displasia de cadera pueden necesitar un entrenamiento físico especial.

10. Habilidades cognitivas:
Si bien el intelecto varía individualmente, algunas razas regularmente obtienen calificaciones más altas en las evaluaciones de capacidad de entrenamiento. Esto no significa que otras razas no sean entrenables, pero es posible que sea necesario ajustar los enfoques.

Adaptación de las técnicas de entrenamiento:

1. Utilice los rasgos de la raza a su favor. Por ejemplo, utilice un palo de coqueteo para razas impulsadas por presas para enseñarles a controlar sus impulsos.

2. Ajusta la duración y la intensidad de la sesión de entrenamiento según la capacidad de atención y el nivel de energía típicos de la raza.

3. Incorporar actividades específicas de la raza en el entrenamiento. Utilice el olfato para los perros de caza o la agilidad para las razas de pastoreo.

4. Tenga en cuenta los posibles problemas de salud específicos de la raza que pueden afectar el entrenamiento (por ejemplo, dificultades en las articulaciones en razas grandes).

5. Comprenda que, si bien existen patrones raciales, las personalidades individuales pueden diferir mucho. Esté siempre preparado para cambiar su enfoque dependiendo del perro específico.

6. Para perros de razas mixtas, examine qué cualidades de la raza son dominantes y modifique su enfoque en consecuencia.

Si bien las características de la raza brindan un excelente punto de partida, es vital comprender que cada perro es un individuo. Un estudio exhaustivo de los patrones de raza, junto con una observación aguda del comportamiento y las respuestas de cada perro, permite a los entrenadores desarrollar un enfoque personalizado que saque lo mejor de cada alumno canino. Esta profunda comprensión de las implicaciones de la raza en el entrenamiento contribuye en gran medida a la producción de resultados de entrenamiento efectivos, placenteros y duraderos.

Capítulo Tres

Herramientas y técnicas esenciales para el entrenamiento positivo

Elegir y utilizar recompensas efectivas

En el entrenamiento de refuerzo positivo, las recompensas son la piedra angular del éxito. Las recompensas adecuadas pueden inspirar a un perro a aprender con rapidez y entusiasmo, mientras que las recompensas inapropiadas o ineficientes pueden provocar insatisfacción tanto para el perro como para el adiestrador. Comprender cómo identificar y aplicar las recompensas correctamente es vital para cualquier adiestrador o dueño de perros.

Tipos de recompensas:

1. Recompensas de comida:
- Golosinas de alto valor: golosinas pequeñas, suaves y fuertemente perfumadas, como queso, carne cocida o golosinas comerciales de entrenamiento.
- Golosinas de bajo valor: croquetas normales o golosinas menos interesantes para actividades fáciles o perros muy motivados por la comida.
- Consideraciones: Utilice recompensas que sean saludables, fáciles de digerir y apropiadas para las necesidades dietéticas del perro.

2. Recompensas de juguetes:
- Juguetes para tirar: ideales para perros con un gran impulso de juego.
- Pelotas o Frisbees: Ideales para perros a los que les encanta perseguir y recuperar.

- Juguetes rompecabezas: Pueden combinar estimulación mental con recompensa.

3. Recompensas de vida:
- Acceso a actividades o entornos deseados (por ejemplo, salir a caminar, jugar con otros perros).
- Puede ser increíblemente útil para enseñar control de impulsos y comportamientos corteses.

4. Recompensas sociales:
- Elogios, palmaditas o atención por parte del propietario.
- La eficacia varía según el vínculo del perro con el guía y las preferencias individuales.

Elegir la recompensa adecuada:

1. Evalúe la motivación de su perro:
- Observe lo que su perro encuentra naturalmente gratificante.

- Considere las tendencias de la raza (por ejemplo, los perros perdigueros normalmente aprecian las recompensas con juguetes).
- Tenga cuidado de que los incentivos pueden cambiar según el contexto o el estado interno del perro.

2. Jerarquía de valores:
- Cree una "jerarquía de recompensas" que vaya desde premios de bajo valor hasta premios de alto valor.
- Utilice recompensas de mayor valor para actividades más exigentes o entornos que distraigan.

3. Factor de novedad:
- Rotar incentivos para mantener el interés.
- Introduce nuevas recompensas de vez en cuando para evitar la monotonía.

4. Adecuación a la Tarea:

- Elija recompensas que no interfieran con el objetivo del entrenamiento (por ejemplo, evite las recompensas con juguetes mientras enseña hábitos de calma).
- Considere el entorno de entrenamiento e identifique recompensas que sean realistas y seguras de utilizar.

5. Tamaño y velocidad de entrega:
- Utilice incentivos pequeños y de rápido consumo para un refuerzo rápido.
- Se pueden utilizar incentivos mayores o más duraderos como premios mayores para obtener un rendimiento excelente.

Usar recompensas de manera efectiva:

1. El tiempo es crucial:
- Entregue la recompensa dentro de medio segundo del comportamiento requerido para la mejor asociación.

- Utilice palabras marcadoras o clickers para cerrar la brecha si la entrega instantánea de incentivos no está disponible.

2. Tasa de refuerzo:
- En las primeras etapas del aprendizaje, recompensar periódicamente para establecer el comportamiento.
- Disminuya gradualmente la frecuencia de las recompensas a medida que el comportamiento se vuelva más confiable.

3. Refuerzo variable:
- Una vez que se aprende un comportamiento, cambie a un programa de refuerzo variable para mejorar el comportamiento.
- Los incentivos impredecibles pueden hacer que los hábitos sean más resistentes a la extinción.

4. Colocación de recompensas:

- Entregar la recompensa en una posición que fomente el comportamiento deseado (por ejemplo, entregar el premio a su lado para entrenar el talón).
- Utilice la colocación de recompensas para guiar al perro hacia la siguiente repetición del comportamiento.

5. Evitar errores comunes:
- No utilices los premios como sobornos; Siempre pregunte por el comportamiento antes de mostrar la recompensa.
- Tenga cuidado de no premiar por error hábitos no deseados.
- Evite la sobrealimentación modificando las porciones de comida cuando utilice excesivamente recompensas alimenticias.

6. Eliminación gradual de las recompensas alimenticias:
- Reemplace gradualmente las recompensas alimenticias con recompensas vitales o elogios a

medida que las acciones se vuelvan más consistentes.

- Utilizar un programa de refuerzo aleatorio para mantener conductas a largo plazo.

7. Premio mayor:

- De vez en cuando presentar un incentivo extra especial o enorme por un desempeño extremadamente bueno.
- Esto puede ayudar a enfatizar acciones altamente deseables.

8. Combinación de recompensas:

- Utilice una combinación de comida, juguetes y recompensas sociales para establecer una historia de refuerzo más sólida.
- Esto puede ayudar a generalizar comportamientos en diversas situaciones y niveles de motivación.

Al dominar la habilidad de escoger y administrar recompensas adecuadamente, los entrenadores pueden crear un ambiente de aprendizaje positivo y alentador para los perros. Esta técnica no sólo conduce a comportamientos más consistentes sino que también profundiza el vínculo entre el perro y el guía, haciendo del entrenamiento una experiencia feliz y gratificante para ambos. Recuerde que cada perro es un individuo y lo que funciona como premio para uno puede no funcionar para otro. El seguimiento continuo y el ajuste de los esquemas de recompensa son importantes para el éxito del entrenamiento de refuerzo positivo.

Entrenamiento con clicker y palabras marcadoras

El adiestramiento con clicker y el uso de palabras marcadoras son técnicas importantes en el adiestramiento canino con refuerzo positivo. Estas estrategias permiten a los entrenadores etiquetar con precisión los comportamientos deseados, creando un sistema de comunicación claro entre humanos y perros. Comprender los principios detrás de estas estrategias y cómo utilizarlas con éxito puede mejorar drásticamente los resultados de la capacitación.

Principios del entrenamiento con clicker:

1. El clicker como marcador:
- Un clicker es un pequeño dispositivo mecánico que crea un sonido de clic característico.
- El clic sirve como marcador de eventos, marcando con precisión el instante en que un perro realiza una actividad deseada.

2. Condicionamiento clásico:
- El clicker se asocia primero con recompensas mediante un proceso denominado "cargar el clicker".
- Después de repetidos emparejamientos, el clic se convierte en un reforzador condicionado, que comunica al perro que se avecina una recompensa.

3. Cerrar la brecha:

- El clic "salva" el intervalo de tiempo entre el comportamiento deseado y la entrega de la recompensa.

- Esto permite una sincronización más exacta al marcar las acciones, especialmente cuando la recompensa no se puede entregar rápidamente.

Implementación del entrenamiento con Clicker:

1. Cargando el Clicker:

- Hacer clic y tratar inmediatamente, repitiendo 20-30 veces.

- Variar el intervalo entre emparejamientos clic-recompensa para evitar que el perro anticipe el tratamiento momento.

2. Captura de comportamientos:

- Haga clic en el instante en que el perro realiza una conducta deseada de forma espontánea.

- Siga inmediatamente con una golosina.

- Repita para animar al perro a ofrecer el comportamiento con más regularidad.

3. Dar forma a los comportamientos:
- Divide las actividades difíciles en pasos simples y factibles.
- Haga clic y trate para aproximaciones consecutivas hacia el comportamiento final deseado.

4. Agregar una señal:
- Una vez que el perro esté ofreciendo el comportamiento de manera confiable, introduzca una señal verbal o con la mano justo antes de que el perro actúe.
- Haga clic y trate cuando el perro responda a la señal.

5. Corrección:
- Aumente gradualmente las distracciones y modifique el entorno mientras practica el comportamiento indicado.

- Haga clic y trate para obtener soluciones precisas en estas circunstancias más exigentes.

Ventajas del entrenamiento con clicker:

1. Precisión: El clic ofrece precisión en el tiempo, definiendo claramente el comportamiento deseado.
2. Consistencia: El sonido del clic es siempre el mismo, a diferencia de las señales verbales que pueden fluctuar en tono.
3. Claridad: Los perros distinguen fácilmente el clic de los ruidos ambientales y del habla humana.
4. Velocidad: Permite una repetición rápida de las pruebas de entrenamiento.
5. Versatilidad: Puede usarse para entrenar una amplia variedad de comportamientos, desde la simple obediencia hasta trucos complicados.

Palabras marcadoras como alternativa:

Si bien los clickers son increíblemente efectivos, las palabras marcadoras pueden tener un propósito similar y tener sus ventajas:

1. Tipos de palabras marcadoras:
- Palabras cortas y distintas como "¡Sí!" o "¡Bien!" se utilizan regularmente.
- Algunos formadores utilizan términos diferentes para indicar distintos grados de desempeño (por ejemplo, "bueno" frente a "¡excelente!").

2. Ventajas de las palabras marcadoras:
- Siempre disponible (no es necesario llevar ningún gadget).
- Puede usarse a distancia o con las manos ocupadas.
Puede parecer más natural para algunos cuidadores.

3. Implementación de palabras marcadoras:
- Elige una palabra y úsala de forma coherente.

- Combine la palabra con recompensas, exactamente como cargaría un clicker.
- Utilice los mismos conceptos de sincronización y coherencia que con el entrenamiento con clicker.

Combinando clickers y palabras marcadoras:

Muchos formadores emplean ambas estrategias y deciden en función del escenario de formación individual:
- Clickers para trabajos de precisión o al introducir nuevos comportamientos.
- Marcadores de palabras para refuerzo ordinario o cuando un clicker no es práctico.

Desafíos y soluciones comunes:

1. Problemas de tiempo:
- Práctica hacer clic o marcar sin un perro presente para mejorar el tiempo.

- Utilice la grabación de vídeo para examinar y perfeccionar su sincronización.

2. Dependencia del Clicker:
- Elimine gradualmente el uso del clicker una vez que los comportamientos sean confiables, reemplazandolo con señales verbales e incentivos ocasionales.

3. Sobreexcitación:
- Si el perro se siente estimulado indebidamente por el clicker, utilice un clicker más suave o cambie a una palabra marcadora suave.

4. Olvidar el clicker:
- Ten siempre una estrategia de respaldo, como una palabra marcadora, para ocasiones en las que no tengas un clicker.

5. Hogares con varios perros:
- Entrene a los perros individualmente inicialmente, luego avance a entornos grupales.

- Considere la posibilidad de utilizar identificadores distintos (por ejemplo, palabras diferentes) para cada perro.

Aplicaciones avanzadas:

1. Encadenamiento de conductas:
- Utiliza el ratón para indicar cada paso de una secuencia de actividades.
- Reduzca gradualmente los clics intermedios a medida que el perro aprende a encadenar los comportamientos.

2. Orientación:
- Utilice el clicker para darle forma al perro para que entre en contacto con un objetivo (por ejemplo, un palo o su mano).
- Esto luego puede usarse para dirigir al perro hacía varias posiciones o comportamientos.

3. Trabajo a distancia:

- El sonido claro de un clicker puede resultar extremadamente útil cuando se trabaja con perros a distancia, como en el entrenamiento de agilidad.

4. Modificación de conducta:
- El entrenamiento con clicker se puede utilizar eficazmente para cambiar comportamientos problemáticos marcando y reforzando comportamientos alternativos deseados.

Ya sea que utilice un clicker o un marcador de palabras, la clave del éxito está en la coherencia, el momento adecuado y una comprensión completa de los conceptos de refuerzo positivo. Estas herramientas, cuando se utilizan adecuadamente, pueden mejorar drásticamente la comunicación entre el guía y el perro, lo que lleva a un aprendizaje más rápido, comportamientos más predecibles y un apego más fuerte. Como ocurre con cualquier método de entrenamiento, es fundamental tener paciencia, hacer que las sesiones sean breves y entretenidas y terminar siempre con una nota positiva. Con experiencia, el entrenamiento con clicker y el uso de palabras marcadoras pueden convertirse en algo natural, abriendo un mundo de opciones de entrenamiento y aumentando el placer de trabajar con perros.

Integración de tecnología: aplicaciones y dispositivos en formación

La era digital ha traído una nueva era en el adiestramiento canino, con una gran cantidad de aplicaciones y dispositivos diseñados para ayudar a los adiestradores y dueños de mascotas. Estos dispositivos electrónicos pueden aumentar la eficiencia del entrenamiento, brindar datos útiles y ofrecer nuevas formas de interactuar con nuestros compañeros caninos. Comprender cómo integrar con éxito estas tecnologías en las rutinas de capacitación puede mejorar drásticamente los resultados y enriquecer la experiencia de capacitación.

Aplicaciones de entrenamiento:

1. Tipos de aplicaciones de formación:
- Aplicaciones de seguimiento del comportamiento: registre y analice el progreso del entrenamiento a lo largo del tiempo.
- Aplicaciones de guía de entrenamiento: proporciona instrucciones paso a paso para varios ejercicios de entrenamiento.
- Clicker Apps: Versiones digitales de clickers físicos.
- Aplicaciones de entrenamiento remoto: conéctese a collares inteligentes para entrenamiento a distancia.

2. Beneficios de las aplicaciones de formación:
- Accesibilidad: la información y las herramientas de formación están siempre a mano.

- Seguimiento del progreso: supervise y registre fácilmente los hitos del entrenamiento.

- Consistencia: Ayuda a mantener rutinas y metodologías de entrenamiento consistentes.

- Herramientas comunitarias: algunas aplicaciones incluyen foros o herramientas sociales para asistencia e intercambio de ideas.

3. Aplicaciones de entrenamiento populares:

- Puppr: ofrece tutoriales en vídeo y un clicker integrado.

- Dogo: Proporciona rutinas de entrenamiento diarias y seguimiento del progreso.

- iTrainer Dog Whistle & Clicker: combina funciones de silbato y clicker.

- Trello o Asana: aunque no es específico para perros, este software de gestión de proyectos se puede adaptar a planes de entrenamiento.

4. Implementación de capacitación basada en aplicaciones:

- Elija aplicaciones que se correspondan con ideas de refuerzo positivo.

- Utilice las aplicaciones como complemento, no como sustituto, de la formación práctica.

- Evalúe y actualice periódicamente los registros de entrenamiento para modificar su enfoque según corresponda.

Collares y wearables inteligentes:

1. Características de los collares inteligentes:

- Seguimiento GPS: monitorea la posición y los patrones de movimiento.

- Monitoreo de actividad: realice un seguimiento de los niveles de ejercicio y los patrones de sueño.

- Detección de ladridos: Algunos collares pueden diferenciar tipos de ladridos.

- Funciones de entrenamiento remoto: señales de vibración o sonido para comunicación a distancia.

2. Beneficios de la tecnología portátil:

- Seguridad mejorada: las funciones de GPS pueden ayudar a encontrar perros perdidos.
- Health Insights: los datos de actividad pueden informar sobre los regímenes de salud y ejercicio.
- Análisis de comportamiento: algunos dispositivos pueden ayudar a descubrir tendencias en comportamientos problemáticos.

3. Marcas populares de collares inteligentes:
- Silbato: Ofrece rastreo GPS y monitoreo de salud.
- Fi: Proporciona una batería de larga duración y un seguimiento preciso de la ubicación.
- Halo Collar: Incluye capacidades integradas de entrenamiento y esgrima virtual.

4. Consideraciones éticas:
- Evite dispositivos que utilicen estímulos desagradables como descargas eléctricas.
- Asegúrese de que el collar le quede cómodo y no interfiera con el comportamiento normal.

- Respete las cuestiones de privacidad, especialmente cuando utilice funciones de seguimiento por GPS.

Dispositivos de entrenamiento remoto:

1. Tipos de Entrenadores Remotos:
- Dispensadores de golosinas: permiten la entrega remota de recompensas.
- Lanzadores Automáticos de Pelotas: Proporcionan actividad física y estimulación cerebral.
- Cámaras interactivas: permiten la comunicación y la formación cuando estás fuera de casa.

2. Beneficios de la Formación Remota:
- Consistencia: Puede ayudar a continuar con las prácticas de capacitación incluso cuando el propietario está ausente.
- Compromiso: Mantiene a los perros estimulados cognitivamente cuando están solos.
- Entrenamiento a Distancia: Permite reforzar conductas a distancia.

3. Dispositivos de entrenamiento remoto populares:

- PetCube Bites: Cámara dispensadora de golosinas con audio bidireccional.

- iFetch: Lanzador automático de bolas para juego independiente.

- CleverPet Hub: alimentador de rompecabezas interactivo para estimulación cerebral.

4. Implementación de la formación remota:

- Introducir dispositivos de forma paulatina para prevenir la ansiedad o la sobreexcitación.

- Úselo junto con el compromiso personal, no como reemplazo del mismo.

- Supervise el uso para asegurarse de que el perro no se vuelva demasiado dependiente del dispositivo.

Realidad Virtual con Realidad Aumentada:

Aunque aún se encuentran en las primeras etapas del adiestramiento canino, las tecnologías de realidad virtual y realidad aumentada son prometedoras:

- Simulación de condiciones exigentes para entrenamiento de exposición controlada.
- Superposiciones de realidad aumentada para visualizar procedimientos de entrenamiento en tiempo real.
- Talleres y seminarios virtuales de formación para propietarios.

Análisis de datos y aprendizaje automático:

Las tecnologías avanzadas están llegando a ofrecer mayores conocimientos sobre el comportamiento de los perros:

- Predicción de comportamiento basada en datos adquiridos.
- Planes de entrenamiento personalizados desarrollados mediante algoritmos de IA.

- Detección temprana de problemas de salud o comportamiento mediante el reconocimiento de patrones.

Implementando Tecnología en la Capacitación:

1. Comience lentamente:
- Introducir una herramienta tecnológica a la vez.
- Permita que tanto usted como su perro se adapten a la nueva tecnología.

2. Combinar con métodos tradicionales:
- Utilizar la tecnología para mejorar, no reemplazar, la instrucción práctica.
- Mantén la interacción humana como piedra angular de tu método de formación.

3. Manténgase informado:
- Estar al día de las últimas investigaciones sobre la utilidad de las ayudas tecnológicas a la formación.

- Tenga cuidado con las afirmaciones de marketing y busque soluciones basadas en evidencia.

4. Personaliza tu enfoque:
- No toda la tecnología se adaptará a todos los perros o entornos de entrenamiento.
- Esté preparado para cambiar o suspender el uso si no beneficia a su perro.

5. Priorice las asociaciones positivas:
- Asegúrese de que todos los aportes tecnológicos estén relacionados con buenas experiencias para su perro.

6. Monitorear y evaluar:
- Examina periódicamente el impacto de los instrumentos tecnológicos en tu progreso formativo.
- Esté dispuesto a modificar su uso de la tecnología en función de las respuestas de su perro.

Desafíos y consideraciones:

1. Dependencia excesiva de la tecnología:

- Recuerda que la tecnología es una herramienta, no un sustituto para comprender el comportamiento canino.

- Mantener la atención en crear un buen vínculo guía-perro.

2. Privacidad de datos:

- Sea consciente de qué datos se recopilan y cómo se utilizan, especialmente con GPS y dispositivos con cámara.

3. Dificultades técnicas:

- Tener estrategias de respaldo para cuando la tecnología falle o no esté disponible.

- Asegúrese de poder entrenar de manera eficiente sin ayudas tecnológicas si es necesario.

4. Consideraciones de costos:

- Sopesar los beneficios frente a los gastos normalmente elevados que suponen las herramientas de formación de alta tecnología.
- Considere comenzar con aplicaciones gratuitas o de bajo costo antes de invertir en hardware costoso.

5. Evitar distracciones:
- Garantizar que las herramientas tecnológicas impulsen la concentración en lugar de restarle valor a los objetivos de formación.

La integración de la tecnología en el adiestramiento canino ofrece perspectivas interesantes para aumentar nuestra comprensión del comportamiento canino y mejorar los resultados del adiestramiento. Sin embargo, es vital abordar estas herramientas con ojo crítico, priorizando constantemente el bienestar y las necesidades específicas de cada perro. Cuando se utiliza de manera inteligente y junto con conceptos de entrenamiento sólidos, la tecnología puede ser un gran aliado para profundizar el vínculo entre los humanos y sus amigos caninos y, al mismo tiempo, lograr objetivos de entrenamiento de manera más eficiente y efectiva.

Capítulo cuatro

Construyendo una base sólida: las piedras angulares de la formación

Establecer confianza y simpatía

Establecer confianza y simpatía es la base de un adiestramiento canino exitoso. Sin una relación sólida y buena entre el perro y el guía, incluso los enfoques de entrenamiento más complejos pueden resultar insuficientes. Este aspecto fundamental sienta las bases para todo aprendizaje y cambio de comportamiento futuros.

Comprender la confianza en los perros:

Los perros, como criaturas sociables, se esfuerzan naturalmente por crear vínculos con sus homólogos humanos. Sin embargo, la confianza no es automática y debe establecerse mediante interacciones agradables y constantes. Un perro que confía en su guía se siente seguro y confiado en su presencia. Esta confianza se extiende al entorno de entrenamiento, lo que permite que el perro se concentre en aprender en lugar de consumirse por la ansiedad o la incertidumbre.

Componentes clave para generar confianza:

1. Asociaciones Positivas:
- Asocia tu presencia con cosas agradables (golosinas, juego, cariño).
- Asegurar que los encuentros sean abrumadoramente favorables, especialmente en las primeras fases de la relación.

2. Comportamiento consistente:
- Sea predecible en sus acciones y reacciones.

- Evitar cambios bruscos de humor o conductas erráticas que puedan confundir o aterrorizar al perro.

3. Comunicación clara:
- Utilice señales y comandos consistentes.
- Proporcionar retroalimentación explícita, tanto para comportamientos deseados como negativos.

4. Respeto por los límites del perro:
- Aprenda a leer el lenguaje corporal de su perro.
- No fuerces las interacciones cuando el perro muestre signos de estrés o malestar.

5. Paciencia:
- Permita que el perro se acerque a usted en sus términos, especialmente si se trata de caninos tímidos o asustados.
- Dale tiempo al perro para procesar nuevas experiencias y aprendizajes.

6. Seguridad y protección:

- Crear un entorno seguro y libre de tensiones no deseadas.
- Ser una fuente de consuelo durante momentos difíciles o estresantes.

Construyendo una buena relación a través de interacciones diarias:

1. Tiempo de calidad:
- Participa en actividades que le gusten a tu perro (juego, paseos, aseo si le gusta).
- Pasa tiempo simplemente estando presente con tu perro sin exigencias.

2. Sesiones de Entrenamiento Positivo:
- Mantenga las sesiones de entrenamiento breves y agradables.
- Termine con una nota positiva para desarrollar la anticipación para sesiones futuras.

3. Atención de rutina:

- Haga que el manejo del aseo, el corte de uñas y los controles de salud sean una experiencia positiva.
- Utilice golosinas y toques suaves para desarrollar asociaciones positivas con tareas de cuidado importantes.

4. Respeto a la Naturaleza Canina:
- Permitir actividades caninas naturales (olfateo en los paseos, masticación adecuada).
- Proporciona estimulación física y mental según la raza y personalidad de tu perro.

Superar los problemas de confianza:

Para perros con problemas de confianza debido a acontecimientos pasados o falta de socialización:

1. Vaya despacio:
- Permitir que el perro decida el ritmo durante los encuentros.

- Utilice enfoques de desensibilización incremental para los miedos o ansiedades.

2. Cree experiencias positivas:
- Utilice recompensas de alto valor incluso para etapas de desarrollo pequeñas.
- Evite poner al perro en entornos que puedan fomentar sus inquietudes.

3. Sea coherente:
- Asegúrese de que todos los miembros de la familia y los visitantes habituales interactúen con el perro de manera constante y agradable.

4. Ofrezca opciones:
- Permite que el perro seleccione cuándo participar o desconectarse de las interacciones.
- Utilice pruebas de consentimiento para asegurarse de que el perro se sienta cómodo con el manejo y el entrenamiento.

5. Busque ayuda profesional:

- Si tiene dudas graves sobre la confianza, hable con un adiestrador de perros o un conductor profesional.

El papel de la confianza en la formación:

1. Mayor compromiso:
- Un perro que confía en su guía tiene más probabilidades de participar con entusiasmo en las sesiones de entrenamiento.

2. Aprendizaje mejorado:
- La confianza proporciona un estado emocional favorable que favorece el aprendizaje y la retención.

3. Mejor generalización:
- Una base sólida de confianza ayuda a los perros a generalizar los comportamientos enseñados a nuevos entornos y situaciones.

4. Resolución de problemas mejorada:

- Los perros que confían en sus cuidadores son más propensos a persistir en resolver los obstáculos del entrenamiento en lugar de darse por vencidos.

5. Reducción del estrés:
- Una conexión de confianza minimiza el estrés en los entornos de entrenamiento, lo que conduce a un mayor rendimiento y bienestar.

Mantener la confianza y la relación:

1. Interacciones positivas continuas:
- Continuar fomentando una relación sana durante toda la vida del perro.

2. Respete las necesidades cambiantes:
- Ajuste su enfoque a medida que el perro envejezca o si ocurren problemas de salud.

3. Aprendizaje continuo:

- Manténgase informado sobre el comportamiento y el entrenamiento canino para asegurarse de cumplir con los requisitos de desarrollo de su perro.

4. Aborde los problemas con prontitud:
- Si observa alguna erosión de la confianza, aborde los problemas subyacentes rápidamente.

Al priorizar la creación de confianza y simpatía, los manipuladores proporcionan una base firme para todas las iniciativas de formación futuras. Esta profunda relación no sólo promueve un entrenamiento más fácil y eficaz, sino que también mejora la calidad de vida general tanto del perro como del humano. Recuerde, la confianza no es un destino sino un viaje continuo que exige un cuidado y respeto constantes por el vínculo especial entre los humanos y sus compañeros caninos.

Enfoque y atención de la enseñanza

Enseñar a un perro a concentrarse y prestar atención es una habilidad clave que sustenta todos los elementos del entrenamiento y la vida diaria con un amigo canino. Un perro que puede mantener la concentración entre distracciones no sólo es más fácil de entrenar sino también más seguro y placentero. Desarrollar esta habilidad requiere paciencia, constancia y comprensión del cerebro y el comportamiento canino.

Comprender la atención canina:

1. Capacidad de atención natural:
- Los perros, especialmente los cachorros, naturalmente tienen períodos de atención cortos.
- La capacidad de atención varía según la raza, la edad y la disposición individual.

2. Atención Selectiva:

- Los perros, al igual que los humanos, pueden concentrarse en una señal mientras descartan otras.
- El entrenamiento busca hacer del guía el punto de enfoque más intrigante y gratificante.

3. Factores que afectan la atención:
- Estímulos ambientales (vistas, sonidos, olores)
- Estados internos (hambre, cansancio, euforia)
- Experiencias pasadas y comportamientos aprendidos.

Fomentar el enfoque y la atención:

1. Reconocimiento de Nombre:
- Empiece por enseñarle al perro a responder a su nombre.
- Utiliza premios de alto valor cuando el perro te mire al escuchar su nombre.

2. Ejercicios de contacto visual:
- Recompensar el contacto visual espontáneo.
- Practica el comando "Mírame" o "Mira".

3. Juegos de compromiso:
- Juegue juegos que animen al perro a concentrarse en usted (por ejemplo, toques con las manos, localización de recompensas en su cuerpo).
- Utilice juguetes o golosinas para guiar la atención del perro hacia usted.

4. Ejercicios de control de impulsos:
- Practique las instrucciones "Déjalo" y "Espera".
- Aumente gradualmente la dificultad agregando distracciones.

5. Duración del edificio:
- Comienza con pequeños momentos de concentración y amplía progresivamente el tiempo.
- Utilice diferentes programas de refuerzo para mantener la concentración durante períodos más prolongados.

6. Entrenamiento de distracción:

- Comience a entrenar en un área de baja distracción y agregue distracciones lentamente.
- Práctica en diversas localizaciones para generalizar la habilidad.

7. Capturando la calma:
- Recompensar el comportamiento tranquilo y atento en entornos cotidianos.
- Esto ayuda al perro a aprender que centrarse en ti es valioso incluso fuera de las sesiones de entrenamiento oficiales.

Técnicas para mejorar el enfoque:

1. El juego "Mira eso":
- Enséñale al perro a mirar una distracción y luego mirarte a ti para recibir un premio.
- Esto ayuda a regular la reacción y desarrollar la concentración en entornos difíciles.

2. Principio de Premack:

- Utilizar un comportamiento más deseable (por ejemplo, perseguir una pelota) como recompensa por un comportamiento menos deseable pero importante (por ejemplo, venir cuando lo llaman).

3. Juegos de patrones:
- Crear secuencias predecibles de comandos para desarrollar la anticipación y la atención.

4. Ejercicios Zen para perros:
- Enséñele al perro a ignorar las distracciones (por ejemplo, la comida en el suelo) y a concentrarse en usted.

5. Estaciones de Atención:
- Designa zonas específicas donde el perro práctica centrándose en ti.
- Aumente gradualmente la distancia entre estos puntos.

Abordar los desafíos comunes:

1. Perros con mucha energía:

- Asegurar suficiente ejercicio físico antes de las sesiones de entrenamiento.
- Incorporar movimiento con ejercicios de concentración.

2. Perros que se distraen fácilmente:

- Comience en condiciones de muy baja distracción.
- Utilice recompensas de mayor valor cuando trabaje con distracciones.

3. Perros ansiosos o temerosos:

- Mantenga las sesiones de entrenamiento breves y animadas.
- Concéntrese en aumentar la confianza junto con las habilidades de atención.

4. Perros adolescentes:

- Sea paciente y constante durante los duros meses de la adolescencia.
- Reforzar periódicamente hábitos previamente aprendidos.

Incorporación del entrenamiento de concentración en la vida diaria:

1. Rutinas a la hora de comer:
- Pide contacto visual o un comportamiento simple antes de dejar el plato de comida.

2. Antes de las caminatas:
- Practica ejercicios de concentración antes de colocar la correa y salir.

3. Durante el juego:
- Buscar atención periódicamente durante las sesiones de juego.

4. En nuevos entornos:
- Practica breves ejercicios de concentración antes de entrar en nuevos escenarios.

5. Con visitantes:

- Utilice a los invitados como una oportunidad para reforzar su atención hacia usted.

Trabajo de enfoque avanzado:

1. Confiabilidad sin correa:
- Aumente gradualmente para mantener el enfoque y la capacidad de respuesta sin correa en entornos seguros.

2. Trabajo a distancia:
- Practica ejercicios de atención con una distancia cada vez mayor entre tú y el perro.

3. Desafíos de duración:
- Trabajar para mantener la concentración durante períodos prolongados, útil para tareas como obediencia competitiva o trabajo de servicio.

4. Desafíos ambientales:
- Practicar en lugares cada vez más exigentes (por ejemplo, parques para perros, calles concurridas).

El papel del manejador:

1. Sea atractivo:
- Utilice un tono alegre y alegre al interactuar con su perro.
- Hazte más intrigante que el entorno.

2. Lea a su perro:
- Aprender a reconocer indicadores de cansancio mental o sobreestimulación.
- Terminar las sesiones con buena nota antes de que el perro pierda el interés.

3. Sea paciente:
- El progreso puede ser lento, especialmente en perros que se distraen fácilmente.
- Celebrar victorias y progresos modestos.

4. La coherencia es clave:
- Reforzar las acciones de búsqueda de atención de manera consistente en circunstancias variadas.

5. Autoconciencia:
- Cuida tu concentración y energía durante las sesiones de entrenamiento.
- Tu perro a menudo imita tu estado de ánimo.

Al enseñar y fomentar constantemente la concentración y la atención, los guías pueden mejorar drásticamente la capacidad de adiestramiento y el comportamiento general de su perro. Este talento central no sólo hace que el entrenamiento formal sea más efectivo sino que también mejora la vida diaria y la seguridad del perro. Recuerde que desarrollar un fuerte enfoque y atención es un proceso continuo que continúa durante toda la vida del perro, adaptándose a nuevos desafíos y circunstancias. Con paciencia, constancia y refuerzo positivo, incluso los caninos más distraídos pueden aprender a retener la concentración y la atención, lo que lleva a una relación más armoniosa y alegre entre el perro y el guía.

El poder de la coherencia y el tiempo

La constancia y el tiempo son dos de los componentes más cruciales en un buen adiestramiento canino. Crean la columna vertebral de una comunicación clara entre el guía y el perro, asegurando que el perro pueda comprender y realizar de manera confiable los comportamientos deseados. Dominar estas áreas del entrenamiento puede mejorar sustancialmente los resultados y aumentar la relación entre el perro y el guía.

La importancia de la coherencia:

1. Comunicación clara:
- La coherencia en las órdenes, gestos y expectativas ayuda al perro a comprender lo que se le pide.

- Reduce la incertidumbre y la irritación tanto para el perro como para el guía.

2. Comportamiento confiable:
- El refuerzo constante conduce a una ejecución más confiable de las conductas aprendidas.
- Ayuda a que los comportamientos se generalicen en diversos entornos y entornos.

3. Generación de confianza:
- Un guía constante es predecible, lo que ayuda a generar confianza y seguridad en el perro.

4. Aprendizaje más rápido:
- La coherencia aumenta el proceso de aprendizaje al ofrecer patrones claros y repetibles que el perro debe seguir.

Áreas que requieren coherencia:

1. Señales verbales:

- Utilice la misma palabra o frase para cada comando.
- Evite utilizar señales que suenen similares para actos diversos.

2. Señales con las manos:
- Mantenga gestos claros y diferentes para cada comando.
- Asegúrese de que todos los miembros de la familia o cuidadores utilicen las mismas señales.

3. Reglas y Límites:
- Establecer reglas claras (por ejemplo, no saltar sobre los muebles) y hacerlas cumplir consistentemente.
- Asegúrese de que todos los miembros de la casa sigan las mismas reglas para evitar confundir al perro.

4. Métodos de entrenamiento:
- Cíñete a una metodología de entrenamiento en lugar de cambiar de táctica regularmente.

- Si numerosas personas participan en la capacitación, asegúrese de que todos apliquen los mismos procedimientos.

5. Respuestas emocionales:
- Responder consistentemente a conductas tanto deseadas como no deseadas.
- Evitar reacciones dependientes del estado de ánimo ante el comportamiento del perro.

6. Rutinas:
- Establecer y mantener rutinas diarias consistentes para alimentarse, caminar y entrenar.

7. Recompensas:
- Utilice un sistema de recompensa consistente, ya sean golosinas, elogios o juegos.

Desafíos a la coherencia:

1. Múltiples manejadores:

- Asegúrese de que todos los miembros de la familia o cuidadores estén en sintonía con respecto a los métodos y reglas de capacitación.
- Considerar sesiones de capacitación familiar para alinear métodos.

2. Cambios ambientales:
- Trabaje para mantener la coherencia incluso al cambiar de ubicación o situación.
- Exponga gradualmente al perro a circunstancias variadas manteniendo expectativas constantes.

3. Limitaciones de tiempo:
- Incluso con agendas ocupadas, prefiera sesiones de entrenamiento breves y constantes a sesiones largas y aleatorias.

4. Fluctuaciones emocionales:
- Sea consciente de su estado emocional y su impacto en sus interacciones con el perro.
- Buscar la constancia emocional durante las sesiones de entrenamiento.

El papel fundamental del tiempo:

1. Comportamientos de marcado:
- El momento preciso al marcar los comportamientos deseados ayuda al perro a comprender exactamente qué acción está siendo recompensada.

2. Ventana de Refuerzo:
- Las recompensas deben entregarse dentro de 1 o 2 segundos del comportamiento deseado para una asociación óptima.

3. Momento de corrección:
- Si se utilizan interrupciones vocales o redirección, el tiempo es clave para que el perro asocie la corrección con el comportamiento preciso.

4. Captura de comportamientos:

- El reconocimiento rápido y el refuerzo de conductas deseadas espontáneas pueden ser una herramienta de formación eficaz.

Mejorar las habilidades de sincronización:

1. Uso de Marcadores:
- Los clickers o las palabras marcadoras pueden ayudar a cerrar la brecha entre el comportamiento y la recompensa.

2. Práctica sin el perro:
- Utilice juegos o aplicaciones de entrenamiento para aumentar su tiempo de reacción y precisión.

3. Análisis de vídeo:
- Graba sesiones de entrenamiento y examinarlas para evaluar y mejorar tu timing.

4. Analice los comportamientos complejos:

- Para comportamientos de varios pasos, inicialmente marque y recompense cada componente antes de encadenarlos.

5. Sea proactivo:
- Anticipar conductas para estar preparado para marcarlas puntualmente cuando se produzcan.

La interacción de coherencia y oportunidad:

1. Horarios consistentes:
- Esfuércese por lograr un buen momento en la entrega de marcadores y recompensas.

2. Tiempo en coherencia:
- Sé constante en la programación de tus encuentros diarios, sesiones de adiestramiento y actividades cotidianas con tu perro.

3. Adaptación de la coherencia:

- A medida que avanza el entrenamiento, adapte continuamente sus expectativas y desafíos para que coincidan con el nivel de habilidad del perro.

4. Criterios consistentes:
- Mantener estándares constantes sobre lo que constituye un comportamiento recompensable, cambiando a medida que crecen las habilidades del perro.

Aplicaciones avanzadas:

1. Refuerzo variable:
- Una vez que se aprende un comportamiento, modifica el momento y la frecuencia de los incentivos para mejorar el comportamiento.

2. Comportamientos encadenados:
- Utilice una sincronización consistente para indicar cada etapa en una secuencia de acciones antes de otorgar la acción final.

3. Corrección:
- Practicar comportamientos constantemente en contextos variados, aumentando gradualmente las distracciones mientras se mantiene la precisión del tiempo.

4. Duración del edificio:
- Aumente constantemente la duración de los comportamientos a lo largo del tiempo, utilizando el tiempo preciso para marcar y recompensar el progreso incremental.

Superar errores comunes:

1. Comandos inconsistentes:
- Cree una lista de órdenes acordadas y sus señales manuales correspondientes para que la sigan todos los manipuladores.

2. Horario de entrenamiento irregular:
- Establece horarios definidos para las sesiones de entrenamiento diarias, aunque sean breves.

3. Consecuencias inconsistentes:
- Desarrollar un plan claro sobre cómo responder tanto a los comportamientos deseados como a los negativos.

4. Errores de sincronización:
- Si pierdes el momento, omite el marcador/recompensa en lugar de arriesgarte a fomentar el comportamiento erróneo.

5. Inconsistencia emocional:
- Practicar mindfulness para mantener un estado emocional constante durante el entrenamiento.

El impacto a largo plazo:

1. Fiabilidad del comportamiento:
- La coherencia y el momento adecuado conducen a comportamientos más fiables y generalizados.

2. Vínculo más fuerte:

- La comunicación clara y regular promueve la confianza y el entendimiento entre el perro y el guía.

3. Reducción del estrés:
- Un ambiente constante con expectativas claras disminuye la ansiedad y la confusión del perro.

4. Resolución de problemas más rápida:
- Cuando surgen nuevos obstáculos en el entrenamiento, una base de coherencia permite una resolución más rápida.

5. Aprendizaje permanente:
- Los encuentros consistentemente en el momento oportuno sientan el marco para el aprendizaje continuo y la mejora del comportamiento a lo largo de la vida del perro.

La constancia y el tiempo son habilidades que requieren práctica y concentración para perfeccionarse. No son sólo tácticas, sino principios básicos que rigen todos los aspectos del adiestramiento canino y la conexión entre humanos y caninos. Al comprometernos con la coherencia en nuestras técnicas y perfeccionar constantemente nuestra sincronización, creamos una atmósfera en la que los perros pueden prosperar, aprender de manera efectiva y madurar hasta convertirse en compañeros bien adaptados. Recuerda que la perfección no es el objetivo; más bien, es el esfuerzo continuo por ser constante y oportuno lo que ofrece los mejores resultados en el adiestramiento canino.

Capítulo cinco

Obediencia Básica e Intermedia

Dominar los comandos fundamentales

Dominar los comandos fundamentales es la piedra angular de un buen adiestramiento canino y crea la plataforma para habilidades más avanzadas. Estas instrucciones fundamentales ofrecen un lenguaje común entre usted y su perro, impulsando la comunicación y profundizando su vínculo. Las órdenes fundamentales suelen incluir "siéntate", "quédate", "ven", "abajo" y "déjalo".

Para comenzar a enseñar estos comandos, es vital crear una atmósfera de aprendizaje favorable. Elija un ambiente tranquilo con pocas distracciones y asegúrese de tener a mano muchos refrigerios de alto valor. Recuerde, la clave para el entrenamiento de refuerzo positivo es recompensar los comportamientos deseados de manera rápida y consistente.

Comience con el comando "sentarse", ya que suele ser el más fácil de aprender para los perros. Sostenga una recompensa cerca de la nariz de su perro y luego deslice lentamente hacia arriba y hacia atrás sobre su cabeza. A medida que su perro siga la golosina con el hocico, su trasero caerá naturalmente al suelo. En el momento en que se sienten, registre el comportamiento con un clicker o un marcador verbal como "sí" y deles inmediatamente el premio.

Para la orden "quedarse", dígale a su perro que se siente y luego dé un pequeño paso hacia atrás. Si permanecen en su lugar, marque y recompense. Aumente gradualmente la duración y la distancia con el tiempo. La orden "venir" es crucial para la seguridad y debe enseñarse con entusiasmo. Comience a una distancia corta, llame a su perro por su nombre seguido de "ven" y felicítalo generosamente cuando lo alcance.

La orden "abajo" se puede enseñar sosteniendo una golosina cerca del suelo y alejándose progresivamente de su perro. A medida que siguen la golosina, instintivamente bajarán el cuerpo. Marque y recompense tan pronto como estén en la posición baja. "Déjalo" es vital para evitar que tu perro tome objetos posiblemente peligrosos. Coloca una golosina en el suelo y cúbrela con la mano. Cuando tu perro deje de intentar cogerlo y te mire, márcalo y recompénsalo con un regalo diferente.

La coherencia es crucial para dominar estas instrucciones. Práctica cada comando en sesiones cortas y frecuentes a lo largo del día. Introduzca gradualmente pequeñas distracciones a medida que su perro se vuelva más hábil. Recuerda siempre terminar las sesiones de entrenamiento con una buena nota y nunca castigues a tu perro por no realizar una tarea correctamente. En su lugar, retrocede un paso y facilitarles el éxito.

A medida que su perro se vuelva más confiable con estos comandos básicos, puede comenzar a encadenarse o introducir variantes. Por ejemplo, puede solicitar un "permanecer sentado" o un "permanecer sentado". También puede comenzar a reducir gradualmente las recompensas del tratamiento continuo, utilizando un programa de refuerzo variable y combinando elogios y juegos como recompensas.

Recuerde, cada perro aprende a su ritmo. Algunos pueden captar órdenes rápidamente, mientras que otros pueden necesitar más tiempo y paciencia. Adapte su método de entrenamiento a las demandas y al estilo de aprendizaje de su perro para obtener los mejores resultados.

Habilidades con correa y recuperación confiable

Desarrollar buenas habilidades con la correa y un retiro confiable son partes vitales del adiestramiento canino que contribuyen considerablemente a la seguridad y tranquilidad de su perro. Estas habilidades le permiten navegar con confianza en diversos entornos con su perro y le proporcionan una base para actividades sin correa.

El adiestramiento con correa debe comenzar educando a tu perro para que camine tranquilamente a tu lado sin tirar. Comience en un entorno sin distracciones y use una correa normal de 6 pies. Mantenga bocadillos a su lado para alentar a su perro a permanecer cerca. Cuando tu perro camine sin tirar, marca y premia el comportamiento. Si empiezan a tirar, deje de caminar inmediatamente. Sólo reanude la caminata cuando la correa esté floja. Esto le enseña a su perro que tirar no lo lleva a donde quiere ir.

Introduzca el comando "talón" para codificar este comportamiento. Di "sigue" mientras tu perro camina adecuadamente a tu lado y trátalo generosamente. Aumente gradualmente la duración de la curación antes de recompensar. Práctica cambios de ritmo y dirección, recompensando continuamente a tu perro por permanecer contigo.

Para los perros que tiran persistentemente, considere emplear métodos de entrenamiento como arneses con clip frontal o cabestrillo para la cabeza. Estos pueden proporcionar control adicional sin crear molestias. Sin embargo, deberían utilizarse como ayudas para la formación, no como soluciones permanentes.

La recuperación confiable es sin duda una de las habilidades más importantes que puedes enseñarle a tu perro. Comience en un área confinada y controlada. Llame el nombre de su perro seguido de la palabra de recuerdo elegida (por ejemplo, "ven" o "aquí"). Cuando acudan a usted, recompense abundantemente con elogios y obsequios de gran valor. Haz que acudir a ti sea lo mejor que le pueda pasar a tu perro.

Para aumentar el recuerdo, practiqué en numerosos lugares y escenarios. Comience con distracciones mínimas y aumente progresivamente la tarea. Utilice una cuerda larga por seguridad cuando practique al aire libre. Nunca reprendas a tu perro por venir a ti, incluso si le toma un tiempo, ya que esto puede hacer que no esté dispuesto a venir en el futuro.

Incorporar juegos de recuerdo para que el entrenamiento sea interesante. Pruebe la actividad "por turnos" en la que los miembros de la familia se turnan para llamar al perro o jugar al escondite para animar a su perro a que lo encuentre. Trátese siempre generosamente cuando su perro responda con éxito a la orden de retirada.

Recuerde demostrar la capacidad de recuperación de su perro frente a distracciones de alto nivel. Esto puede involucrar a otros perros, la naturaleza u olores interesantes. Comience a distancia de estas distracciones y acérquese progresivamente a medida que mejora la confiabilidad de su perro.

Tanto las habilidades con la correa como la recuperación requieren práctica y paciencia constantes. Las sesiones de entrenamiento regulares, aunque sean unos pocos minutos cada día, pueden mejorar drásticamente estas habilidades. Termine siempre con una buena nota y recuerde que desarrollar una memoria sólida puede llevar meses de trabajo constante.

Comportamientos de prueba en diversos entornos

La prueba de comportamientos es una fase vital en el adiestramiento canino que garantiza que su perro pueda cumplir las órdenes y habilidades enseñadas en una variedad de contextos y situaciones. Esta técnica ayuda a generalizar comportamientos, haciéndolos confiables independientemente de su ubicación, interrupciones o condiciones.

Para comenzar a demostrarlo, comience identificando los comportamientos que desea solidificar. Estos normalmente incluyen comandos fundamentales como sentarse, quedarse quieto, venir y agacharse, así como habilidades con la correa y recordar. Una vez que su perro los haga de manera confiable en su entorno de entrenamiento típico, es hora de comenzar a realizar pruebas.

La clave para una buena prueba es el crecimiento incremental. Comience haciendo modificaciones simples a su entorno de entrenamiento. Esto podría ser tan simple como mudarse a una nueva habitación de su casa o a una parte diferente de su jardín. Practique las órdenes en estos entornos ligeramente alterados, recompensando constantemente a su perro generosamente por su obediencia.

A continuación, ofrezca distracciones modestas. Esto podría implicar que un miembro de la familia pase durante el entrenamiento, presentarle un juguete nuevo cerca o practicar con algo de ruido de fondo. Si su perro tiene dificultades, facilite la distracción y avance gradualmente a entornos más difíciles.

A medida que su perro se vuelva más hábil, siga practicando en otros lugares. Esto puede incluir su patio delantero, un parque tranquilo o la casa de un amigo. Recuerde comenzar con la versión más sencilla de cada comando en estas nuevas ubicaciones. Por ejemplo, si está trabajando en "quedarse", comience con una duración corta antes de ampliar progresivamente el tiempo y la distancia.

Es vital estar a prueba de diferentes formas de distracciones. Las distracciones comunes incluyen otros perros, personas, ruidos, olores y cosas en movimiento. Comience con estas distracciones a distancia y vaya disminuyendo progresivamente la distancia a medida que su perro se desarrolle. Siempre prepare a su perro para el éxito al no hacer las cosas demasiado difíciles y demasiado rápido.

Otro componente crucial de la revisión es ensayar con diferentes encargados. Si bien usted puede ser el entrenador principal de su perro, es beneficioso para él responder a las órdenes de otros miembros de la familia o conocidos de confianza. Esto ayuda a evitar que su perro simplemente escuche a una persona.

La hora del día y el nivel de energía de tu perro también pueden afectar su rendimiento. Práctica en diferentes momentos del día y en variados estados de excitación. Esto ayuda a garantizar que su perro pueda actuar cuando está emocionado, fatigado o en cualquier punto intermedio.

Recuerda prueba duración, distancia y distracción por separado antes de fusionarlas. Por ejemplo, usando el comando "quedarse", trabaje para aumentar la duración en un área pacífica antes de agregar distancia. Luego, pruébelo contra distracciones antes de integrar las tres partes.

Durante todo el proceso de prueba, es necesario mantener una alta tasa de refuerzo. Cuando le pida a su perro que actúe en entornos estresantes, las recompensas deben ser frecuentes y de alto valor. A medida que su perro se vuelve más confiable, puede disminuir progresivamente la frecuencia de los incentivos, pero siempre mantenga refuerzos impredecibles e intermitentes para mantener fuerte el hábito.

Si su perro sufre durante la prueba, resista el deseo de repetir la orden muchas veces o muestre frustración. En lugar de ello, haz el escenario más fácil y desarrollalo gradualmente. La paciencia es crucial en este procedimiento.

Finalmente, recuerde que la revisión es una actividad continua. Incluso los perros bien entrenados se benefician de la práctica ocasional en situaciones nuevas o frente a desafíos inesperados. El mantenimiento regular de estas habilidades ayuda a garantizar que sigan siendo fuertes y confiables durante toda la vida de su perro.

Al comprobar minuciosamente sus hábitos, estará preparando a su perro para que tenga éxito en entornos del mundo real. Esto no sólo aumenta la obediencia de su perro, sino que también fortalece su vínculo y permite una mayor libertad y confianza en diversas circunstancias.

Capítulo Seis

Modificación de conducta y resolución de problemas

Abordar problemas de comportamiento comunes

Abordar los problemas de comportamiento comunes es un componente importante del adiestramiento canino que normalmente implica una combinación de paciencia, perseverancia y estrategias de refuerzo positivo. Algunos de los problemas de conducta más frecuentes que enfrentan los dueños de perros incluyen ladridos excesivos, masticación destructiva, saltar sobre las personas y ensuciar la casa.

Los ladridos excesivos son un problema común entre los dueños de perros y sus vecinos. Para solucionar este problema, primero es fundamental descubrir la causa de los ladridos. Los perros pueden ladrar debido al aburrimiento, la ansiedad, el comportamiento territorial o la búsqueda de atención. Una vez que haya establecido la raíz del problema, podrá adoptar estrategias relevantes. Para los ruidos relacionados con el aburrimiento, puede resultar útil potenciar el ejercicio físico y la estimulación mental. Proporcione juguetes de rompecabezas, participe en sesiones de entrenamiento frecuentes y asegúrese de que su perro haga el ejercicio diario adecuado.

En el caso de los ladridos para llamar la atención, el objetivo es evitar reforzar el comportamiento. Esto incluye no prestarle atención (ni siquiera atención negativa) a su perro cuando ladra. En su lugar, promueve un comportamiento tranquilo. Enséñele una orden "tranquila" esperando a que deje de ladrar brevemente, marcándose con un clicker o marcador verbal y recompensando al instante. Aumente gradualmente la duración de la quietud necesaria para obtener una recompensa.

La masticación destructiva suele ser el resultado del aburrimiento, el nerviosismo o la dentición en los cachorros. Asegúrese de que su perro reciba juguetes para masticar adecuados y cámbialos periódicamente para mantener el interés. Si la masticación está relacionada con la ansiedad, aborde la ansiedad subyacente (más sobre esto en la sección 6.2). Para los cachorros, proporcione juguetes masticables congelados para aliviar las molestias de la dentición. Siempre supervise a su perro y desvío a masticar cosas aceptables si descubre que mastica cosas prohibidas.

Saltar sobre las personas es un comportamiento basado en la emoción que puede ser difícil de superar. El objetivo es hacer que los saltos no sean gratificantes y al mismo tiempo reforzar un comportamiento alternativo. En su lugar, enséñele a su perro a sentarse para saludarlo. Cuando tu perro salte, date la vuelta e ignóralo. Tan pronto como las cuatro patas estén en el suelo, pida sentarse y recompensar generosamente. La coherencia entre todos los miembros de la familia y los visitantes es clave para el éxito.

La suciedad de la casa en perros adultos puede deberse a condiciones médicas, un mal entrenamiento en la casa o nerviosismo. En primer lugar, descartar causas médicas con una revisión veterinaria. En cuanto al entrenamiento en casa, vuelva a lo básico: descansos regulares para ir al baño, grandes recompensas por hacer sus necesidades en el exterior y supervisión constante en el interior. Utilice una jaula o puertas para bebés para limitar el acceso cuando no pueda supervisar. Limpie los accidentes a fondo utilizando un limpiador enzimático para eliminar los olores que pueden hacer que su perro regrese al mismo lugar.

Otra preocupación frecuente es la reactividad de la correa, donde los perros ladran, se abalanzan o demuestran comportamientos agresivos hacia otros perros o personas mientras están atados. Esto muchas veces se origina por ansiedad o frustración. La gestión es crucial: evite situaciones que desencadenan el comportamiento mientras trabaja en el entrenamiento. Enséñele a su perro a concentrarse en usted en presencia de factores desencadenantes, comenzando desde una distancia donde pueda mantener la calma. Reduzca gradualmente la distancia a medida que su perro se desarrolle.

Para todos los desafíos de comportamiento, la coherencia y la paciencia son claves. La modificación del comportamiento lleva tiempo y el progreso puede no ser lineal. Celebre los pequeños triunfos y no dude en buscar ayuda de un adiestrador de perros o un conductor profesional para problemas crónicos o graves.

Recuerde que las tácticas basadas en castigos pueden exacerbar los problemas de conducta y arruinar su vínculo con su perro. Elija siempre tácticas de refuerzo positivo, centrándose en enseñarle a su perro lo que quiere que haga en lugar de penalizar comportamientos no deseados.

Ansiedad, miedo y agresión: enfoques positivos

Lidiar con la ansiedad, el miedo y la agresión en los perros exige un enfoque afectuoso, tolerante y positivo. Estas preocupaciones pueden ser complicadas y a veces vinculadas, y la ansiedad y el miedo pueden conducir a acciones violentas si no se abordan de manera efectiva.

La ansiedad en los perros puede aparecer de diferentes maneras, incluyendo comportamiento destructivo, aumento de la vocalización, paseos, jadeos e incluso violencia. Los tipos más comunes incluyen ansiedad por separación, fobias al ruido y ansiedad generalizada. Para controlar la ansiedad, es vital identificar los desencadenantes y concentrarse en desensibilizar gradualmente a su perro a estos estímulos (más información sobre la desensibilización en la sección 6.3).

Para la ansiedad por separación, comience por educar a su perro para que se sienta cómodo solo durante períodos breves. Practica breves excursiones y regresos, aumentando progresivamente el tiempo. Proporcione juguetes o rompecabezas fascinantes para mantener a su perro entretenido mientras está solo. Evite armar un gran escándalo con las salidas y llegadas para disminuir el contraste entre su presencia y ausencia.

Las fobias al ruido, como el miedo a las tormentas o explosiones, se pueden controlar creando un ambiente seguro para su perro y empleando herramientas calmantes como ruido blanco o música cuidadosamente producida. Los enfoques de contracondicionamiento pueden ayudar a su perro a crear conexiones positivas con los sonidos aterradores.

La ansiedad generalizada puede requerir un enfoque multifacético, que incluye modificación del comportamiento, manejo ambiental y, en ocasiones, medicación proporcionada por un veterinario. El ejercicio regular, la estimulación mental y un horario constante pueden ayudar a reducir los niveles generales de ansiedad.

El miedo en los perros puede deberse a la falta de socialización, experiencias traumáticas o susceptibilidad genética. Los signos de miedo incluyen encogerse de miedo, temblar, intentar huir o incluso mostrarse agresivos. Cuando se trata de un perro temeroso, es vital nunca forzarlo a vivir circunstancias desagradables. En su lugar, permítanos abordar nuevos temas a su propio ritmo.

Utilice un refuerzo positivo para fomentar una conducta atrevida. Por ejemplo, si su perro tiene miedo de los hombres, haga que un voluntario se pare a una distancia donde su perro se sienta cómodo. Recompense a su perro por su comportamiento tranquilo o por cualquier interés en la persona. Reduzca gradualmente la distancia a medida que su perro tenga más confianza.

La agresión en perros es un problema importante que muchas veces requiere asistencia profesional. Puede deberse al miedo, la ansiedad, el dolor, la protección de los recursos o la falta de socialización suficiente. Los signos de agresión incluyen gruñidos, mordiscos, arremetidas y mordiscos. Es vital reconocer el tipo de agresión y sus desencadenantes para abordarla con éxito.

Nunca castigues a un perro por gruñir o dar otras señales de advertencia, ya que esto puede provocar que un perro muerda sin previo aviso. En cambio, aprecie estas declaraciones y trabaje para abordar la fuente raíz de la violencia.

Para todas las formas de agresividad, la gestión es crucial. Evite poner a su perro en circunstancias en las que sienta la necesidad de demostrar un comportamiento agresivo mientras usted trabaja en la modificación del comportamiento. Esto puede significar usar un bozal en público, evitar los parques para perros o controlar el entorno de su perro para evitar que proteja sus recursos.

Los enfoques de refuerzo positivo son muy útiles cuando se trata de hostilidad. El castigo puede crear temor y ansiedad, lo que podría empeorar la conducta agresiva. En su lugar, concéntrese en recompensar la conducta tranquila y no agresiva y en enseñar reacciones alternativas a los estímulos.

El contracondicionamiento puede ser beneficioso tanto para el miedo como para la violencia. Esto implica cambiar la respuesta emocional de su perro de un estímulo de negativa a positiva. Por ejemplo, si su perro es violento con otros perros, comience a una distancia donde pueda ver a otro perro pero mantenga la calma. Combine la vista del otro perro con recompensas de alto valor. Con el tiempo, tu perro puede empezar a relacionar la presencia de otros perros con experiencias felices.

Recuerde, resolver la ansiedad, el miedo y la violencia requiere tiempo y paciencia. El progreso puede ser lento y los reveses son normales. Siempre enfatice la seguridad y no dude en pedir consejo a un conductor canino profesional si tiene inquietudes graves o persistentes.

Técnicas de desensibilización y contracondicionamiento

La desensibilización y el contracondicionamiento son fuertes técnicas de modificación del comportamiento que normalmente se utilizan en conjunto para ayudar a los perros a superar el miedo, la ansiedad y las respuestas agresivas a estímulos específicos. Estas estrategias se basan en los principios del condicionamiento clásico y pueden ser muy efectivas cuando se realizan de manera correcta y regular.

La desensibilización consiste en exponer gradualmente al perro al estímulo que induce ansiedad a un nivel que no genera una respuesta de miedo. La fuerza de la estimulación aumenta suavemente con el tiempo a medida que el perro demuestra comodidad en cada nivel. La idea es disminuir la sensibilidad del perro al desencadenante mediante exposiciones frecuentes y controladas.

El contracondicionamiento, por otro lado, intenta modificar la respuesta emocional del perro al desencadenante de negativa a positiva. Esto a menudo se logra haciendo coincidir la presencia del desencadenante con algo que le guste al perro, como golosinas de alto valor o un juguete querido.

Para ejecutar estas tácticas de manera efectiva, es necesario comenzar con una evaluación integral de los factores desencadenantes de su perro y su umbral: el punto en el que comienza a mostrar signos de estrés o reactividad. Puede ser cualquier cosa, desde la vista de otro perro hasta el sonido de pirotecnia o la presencia de extraños.

Comience el proceso a un nivel considerablemente por debajo del umbral de su perro. Por ejemplo, si su perro está aterrorizado por otros perros, comience a una distancia en la que su perro reconozca al otro perro pero no muestre signos de miedo o preocupación. A esta distancia, combine la vista del otro perro con recompensas de alto valor. La idea es que tu perro detecte al otro perro y rápidamente te busque un premio.

El tiempo es esencial en este procedimiento. La golosina debe dársele inmediatamente cuando su perro sienta el desencadenante, no después de que ya haya comenzado a reaccionar. Esto ayuda a crear la relación entre el desencadenante y la experiencia placentera.

A medida que su perro se sienta cómodo en un nivel, disminuya gradualmente la distancia o aumente la gravedad del disparador. Esto puede significar acercarse un poco al otro perro o hacer que el otro perro participe en un comportamiento más activo. Progresa siempre al ritmo que tu perro pueda seguir: si detectas síntomas de estrés, has progresado demasiado rápido y necesitas retroceder un paso.

Para las fobias al ruido, puede comenzar con grabaciones del sonido aterrador reproducido a un volumen muy bajo. Combine el sonido con recompensas o juegos, aumentando gradualmente el nivel a lo largo de muchas sesiones a medida que su perro muestre satisfacción.

Es vital tener en cuenta que la desensibilización y el contracondicionamiento pueden ser procesos que requieren mucho tiempo. Requieren paciencia, perseverancia y, a menudo, varias repeticiones. Es posible que el progreso no sea lineal y es natural experimentar retrocesos. La idea es trabajar constantemente a un nivel en el que su perro tenga éxito y pueda permanecer relajado.

Estas estrategias se pueden aplicar a una amplia gama de dificultades más allá del miedo y la ansiedad. Pueden ser eficaces para perros que tienen asociaciones desagradables con tratamientos de aseo, visitas al veterinario o incluso objetos o lugares específicos.

Cuando se trabaja en la desensibilización y el contracondicionamiento, es vital regular el entorno de su perro para limitar la exposición al desencadenante a una intensidad que pueda crear una respuesta de miedo. Cada evento desfavorable puede retrasar su crecimiento, por lo tanto, controle las exposiciones tanto como sea posible.

Para casos complejos o graves, suele ser bueno contratar a un conductor o entrenador canino profesional que pueda ayudarle durante el proceso y ayudarle a leer los sutiles signos de estrés de su perro.

Recuerde que, si bien la desensibilización y el contracondicionamiento pueden ser muy útiles, no siempre son adecuados para todas las situaciones. En casos de agresividad, por ejemplo, la seguridad siempre debe ser la máxima prioridad y es posible que sea necesario aplicar medidas de gestión junto con estas técnicas o en lugar de ellas.

Por último, es fundamental abordar cualquier problema de salud subyacente que pueda estar contribuyendo al miedo o la ansiedad de su perro.

Las molestias crónicas, los desequilibrios de la tiroides y otras enfermedades médicas pueden exacerbar los problemas de comportamiento, por lo que un chequeo veterinario completo suele ser un primer paso inteligente para resolver estos problemas.

Al implementar lenta y persistentemente técnicas de desensibilización y contracondicionamiento, muchos perros pueden superar sus fobias y ansiedades, lo que los lleva a tener una mascota más feliz, más segura y mejor adaptada.

147

Capítulo Siete

Entrenamiento avanzado y desafíos cognitivos

Comandos complejos y comportamientos de varios pasos

A medida que los perros comprenden la obediencia básica, implementar órdenes complicadas y acciones de varios pasos se convierte en una siguiente etapa emocionante en su camino de entrenamiento. Estos talentos avanzados no sólo proporcionan estimulación mental sino que también profundizan el vínculo entre el perro y el dueño, permitiendo una comunicación y cooperación más sofisticadas.

Las órdenes complejas pueden implicar varias actividades o comportamientos realizados en una secuencia precisa. Los ejemplos incluyen obtener un objeto y llevarlo a un área particular, abrir y cerrar puertas o incluso ayudar con tareas domésticas como guardar juguetes o llevar el control remoto.

Para comenzar a enseñar órdenes complejas, es necesario dividir el comportamiento previsto en pasos más pequeños y alcanzables. Este enfoque, conocido como "análisis de tareas", le permite educar cada componente por separado antes de integrarlos. Por ejemplo, si le estás enseñando a tu perro a recuperar un determinado objeto de otra habitación, puedes dividirlo en: 1) responder al nombre del objeto, 2) viajar a la habitación correcta, 3) recoger el objeto. , 4) traerlo de vuelta y 5) soltarlo cuando se le ordene.

Comience asegurándose de que su perro comprenda bien los distintos componentes. Utilice estrategias de refuerzo positivo, recompensando cada paso exitoso con refrigerios, elogios o juegos. Una vez que su perro sea experto en cada paso, comience a encadenarnos. Esto a menudo se hace mediante un proceso llamado "encadenamiento hacia atrás", en el que se comienza con el último paso de la secuencia y se van agregando gradualmente pasos anteriores.

Por ejemplo, al enseñarle a un perro a cerrar un cajón, puede comenzar recompensando por simplemente tocar el cajón con la nariz o la pata. A continuación, formarás esto en un movimiento de empuje y luego aumentarás la fuerza hasta que el cajón se mueva. Finalmente, sólo otorgamos cuando el cajón se cierra por completo.

A medida que continúa vinculando numerosos comportamientos, utilice palabras clave o señales con las manos claras y consistentes para cada parte de la secuencia. Sea paciente y comprenda que lleva tiempo dominar los comportamientos complicados.

Las sesiones de entrenamiento cortas y frecuentes suelen ser más beneficiosas que las largas y poco frecuentes.

Los comportamientos de varios pasos también pueden implicar enseñar a su perro a realizar una secuencia de órdenes establecidas en un orden determinado. Esto podría incluir una secuencia como "siéntate, siéntate, quédate, ven". Para enseñar esto, comience pidiendo dos comportamientos seguidos y recompensalo sólo cuando ambos se logren. Agregue gradualmente más pasos a la secuencia.

Otra parte del entrenamiento avanzado es enseñar órdenes discriminatorias cuando el perro aprende a ejecutar acciones alternativas basadas en variaciones menores en la señal. Por ejemplo, recuperar distintos objetos por su nombre o responder de manera diferente a órdenes vocales que a movimientos de las manos.

La revisión es particularmente necesaria para comandos complejos. Practique en numerosas situaciones con diferentes niveles de distracción para asegurarse de que su perro pueda realizar la actividad de manera confiable en cualquier situación.

Recuerda siempre mantener las sesiones de entrenamiento positivas y divertidas. Si su perro tiene dificultades con un paso en particular, vuelva a una versión más fácil y aumente gradualmente. Celebre los logros menores a lo largo del proceso y no dude en tomar descansos si usted o su perro se sienten frustrados.

Incorporar órdenes complejas y comportamientos de varios pasos a su rutina puede proporcionar una estimulación mental continua a su perro. Estas habilidades también pueden tener usos prácticos, desde perros de asistencia que realizan tareas complejas hasta mascotas domésticas que ayudan en la casa.

A medida que continúe con el entrenamiento, sea siempre consciente de las limitaciones físicas y mentales de su perro. Algunas razas pueden sobresalir en determinados tipos de actividades sofisticadas, mientras que otras les resultan problemáticas. Adapte sus objetivos de entrenamiento a los talentos e intereses específicos de su perro para obtener los mejores resultados.

Enseñar y utilizar trucos

Enseñar trucos a los perros no se trata sólo de mostrar bonitos hábitos; Es una herramienta útil para la estimulación cerebral, la actividad física y la construcción del vínculo entre perro y dueño. Los trucos pueden variar desde movimientos simples como "dar la mano" o "dar la vuelta" hasta rutinas más complicadas que integran muchos comportamientos.

Para comenzar a entrenar trucos, es vital comenzar con una base sólida de obediencia fundamental. Su perro debe sentirse cómodo con instrucciones como sentarse, quedarse y venir. Esto desarrolla una estructura de comunicación y ayuda a su perro a comprender la noción de responder a señales.

Cuando introduzcas un nuevo truco, divídelo en pasos sencillos y factibles. Utilice una estrategia llamada "modelado", en la que recompense progresivamente las aproximaciones más cercanas al comportamiento deseado. Por ejemplo, si entrena a "girar", puede comenzar recompensando a su perro por un pequeño giro de cabeza en la dirección adecuada, luego un cuarto de vuelta, luego media vuelta, y así sucesivamente hasta que complete un giro completo.

El entrenamiento con clicker puede resultar muy útil para enseñar trucos. El momento preciso del clip ayuda a su perro a darse cuenta exactamente qué actividad está siendo recompensada. Si no utiliza un clicker, un marcador vocal constante como "sí" puede tener el mismo efecto.

Algunos trucos comunes para enseñar incluyen:

1. "Hazte el muerto": comienza con tu perro boca abajo y luego tráelo hacia un lado con una golosina. Gradualmente, forme un rollo completo sobre su espalda.

2. "Busca tu juguete": Comienza recompensando a tu perro por tocar un juguete específico, luego continúa recogiendo y luego te lo trae.

3. "Tejer las piernas": comience atrayendo a su perro a través de sus piernas con una golosina, luego agregue la palabra clave cuando comience a captar el movimiento.

4. "Trato de equilibrio en la nariz": comience con un breve equilibrio y luego alargue la duración. Agregue una señal de liberación para permitir que su perro atrapa la golosina.

Recuerde hacer que las sesiones de formación sean breves e interesantes. Termine con una buena nota, incluso si eso significa volver a un truco más fácil que su perro ya entiende. La coherencia en las señales y recompensas es crucial para un entrenamiento de trucos exitoso.

A medida que su perro se vuelva experto en numerosos trucos, puede comenzar a mezclarlos en rutinas o secuencias. Esto no sólo supone un desafío mental mayor, sino que también puede ser eficaz para el adiestramiento de perros de terapia o para competiciones caninas de estilo libre.

La utilización de tácticas en la vida diaria puede tener numerosos objetivos. Pueden utilizarse como herramienta para redirigir conductas inapropiadas, proporcionar estimulación mental durante el tiempo libre o incluso como parte del programa de ejercicios de un perro. Por ejemplo, hacer que su perro se mueva entre sus piernas o dé vueltas puede ser una forma divertida de integrar algo de actividad física a lo largo del día.

Los trucos también pueden resultar prácticos. Enseñarle a su perro a "ordenar" sus juguetes o a traerle ciertos artículos puede ser notable y beneficioso. Funciones más avanzadas, como abrir y cerrar puertas o encender y apagar luces, pueden proporcionar la base para el adiestramiento de perros de servicio.

Al enseñar y utilizar trucos, sea siempre consciente de las limitaciones físicas de su perro. Evite técnicas que ejerzan una tensión innecesaria en las articulaciones, especialmente en razas propensas a sufrir trastornos como la displasia de cadera. De igual forma, hay que tener cuidado con los trucos que incluyan saltos para perros con problemas de espalda.

Recuerde que no todos los perros destacan o disfrutan de los mismos trucos. Preste atención a las preferencias y talentos físicos de su perro, y elija trucos que aprovechen sus puntos fuertes. A algunos perros les pueden encantar los trucos que implican recuperar o olfatear, mientras que otros prefieren los trucos que resaltan su agilidad o equilibrio.

Por último, no olvides practicar y reforzar constantemente los trucos que tu perro haya aprendido previamente. Esto mantiene sus habilidades afiladas y proporciona una estimulación mental continua. También es un excelente método para mantener el vínculo entre usted y su perro, recordándoles que aprender y trabajar juntos es una experiencia gratificante y divertida.

Trabajo olfativo y actividades de estimulación mental.

El trabajo con olores y las actividades de estimulación cerebral son componentes clave de un programa completo de adiestramiento canino. Estas actividades aprovechan los instintos innatos de un perro y proporcionan una salida para su energía mientras ponen a prueba sus capacidades cognitivas. Participar en estas actividades puede ayudar a minimizar los trastornos de conducta relacionados con el aburrimiento y mejorar el bienestar general de su perro.

El trabajo con olores, en particular, es una técnica fantástica para aprovechar la notable capacidad sensorial de un perro. Los perros tienen hasta 300 millones de receptores olfativos en sus fosas nasales, en comparación con aproximadamente 6 millones en los humanos. Esto hace que su sentido del olfato sea entre 10.000 y 100.000 veces más agudo que el nuestro. El trabajo olfativo permite a los perros utilizar esta aptitud inherente de una manera disciplinada y gratificante.

Para presentarle a su perro el trabajo con olfato, comience con actividades básicas de escondite usando sus juguetes o golosinas favoritas. Comience en un área pequeña con el elemento parcialmente visible y aumente progresivamente el desafío ocultando totalmente el elemento y ampliando el área de búsqueda. Utilice un comando consistente como "encuéntrelo" para indicarle a su perro que comience a buscarlo.

A medida que su perro se vuelva más competente, puede agregar olores específicos para que los ubique. Podrían ser aceites esenciales en hisopos de algodón o pequeños recipientes para olores específicos para el trabajo de nariz K9. Comprueba siempre que los aromas que utilices sean seguros para los perros.

Puedes construir pistas de obstáculos o rompecabezas para que tu perro los navegue mientras busca olores. Este mezcla ejercicio físico con estimulación cerebral. Recuerda siempre hacer que la actividad sea divertida y gratificante para tu perro.

Para un trabajo de olfato más avanzado, intente inscribirse en una clase o competencia de trabajo de nariz. Estos ejercicios planificados pueden ofrecer una excelente salida para perros con mucha energía o fuertes impulsos de trabajo.

Más allá del trabajo olfativo, existen varios ejercicios de estimulación mental en los que puedes involucrar a tu perro:

1. Juguetes rompecabezas: Estos vienen en numerosas formas, desde simples bolas para dispensar golosinas hasta rompecabezas más complejos que necesitan múltiples pasos para obtener el premio. Comience con problemas más fáciles y aumente gradualmente el desafío a medida que su perro se vuelva más hábil.

2. Escondite: Este juego no es sólo para el trabajo olfativo. Puedes educar a tu perro para que encuentre miembros de la familia en la casa, integrando la obediencia (orden de quedarse) con la resolución de problemas.

3. Juego de conchas: Coloque una golosina debajo de una de las tres tazas y mezclarlas. Anime a su perro a indicar en qué taza se esconde la golosina.

4. Reconocimiento de nombre: Enséñele a su perro los nombres de sus juguetes y pídale que recupere los específicos cuando se lo ordene.

5. Carreras de obstáculos: Configure un recorrido en su césped o sala de estar con elementos comunes. Guíe a su perro a lo largo del recorrido, aplicando señales de obediencia a lo largo del camino.

6. Juguetes para dispensar comida: Estos pueden convertir las comidas en un pasatiempo psicológicamente interesante. Los Kongs, los slow-feeders y los snuffle mats son opciones fantásticas.

7. Juegos de entrenamiento: Incorporar el entrenamiento de obediencia en los juegos. Por ejemplo, juega "luz roja, luz verde" con sit-stays y retiros.

8. Seguimiento: Deje un rastro de olor (usando recompensas o un objeto olfativo) para que su perro lo siga. Esto se puede hacer en interiores o exteriores.

A la hora de introducir nuevos ejercicios de estimulación cerebral, empezar por lo básico y aumentar progresivamente el desafío. Esto desarrolla la confianza de su perro y lo mantiene involucrado. Vigile siempre a su perro durante estas actividades, especialmente cuando utilice juguetes o rompecabezas nuevos.

Es fundamental cambiar las actividades y los juguetes para que las cosas sigan siendo interesantes para su perro. Desafiarlos una semana podría resultar demasiado fácil la siguiente. Preste atención a las preferencias de su perro y cambie de actividad en consecuencia.

Recuerda que la estimulación cerebral puede resultar igualmente agotadora para los perros que el ejercicio físico. Un entrenamiento mental sólido puede ayudar a calmar a los perros con mucha energía y proporcionar una alternativa cuando el ejercicio al aire libre no está disponible debido al clima u otras limitaciones.

Incorporar el entrenamiento olfativo y la estimulación mental en la rutina de su perro no solo proporciona un enriquecimiento sino que también puede profundizar su vínculo. Estos ejercicios exigen cooperación y conversación entre usted y su perro, estableciendo confianza y comprensión.

Por último, si bien estas actividades son útiles para todos los perros, pueden ser particularmente valiosas para los perros mayores, ya que les ayudan a mantener su ingenio brillante a medida que envejecen. De manera similar, para los perros con limitaciones físicas, las actividades de estimulación cerebral pueden proporcionar una manera de mantenerlos interesados y activos dentro de sus capacidades.

Al involucrar rutinariamente a su perro en trabajos de olfato y otras actividades de estimulación cerebral, le está brindando una vida más plena y enriquecida, ayudando a producir un compañero feliz, bien equilibrado y cognitivamente saludable.

Capítulo Ocho

Escenarios de formación especializada

Entrenamiento de cachorros: empezar bien

El adiestramiento de cachorros es una base necesaria para que un perro adulto se comporte bien. Los primeros meses de vida de un cachorro son un período clave para aprender y socializar, por lo que es esencial comenzar a entrenar tan pronto como traigas a tu nuevo amigo peludo a casa. El adiestramiento eficaz de un cachorro implica socialización, obediencia básica y experiencias positivas para formar un perro adulto seguro y bien adaptado.

La socialización es posiblemente el componente más crucial del adiestramiento de un cachorro. El período comprendido entre las 3 y las 16 semanas de edad se considera la ventana de socialización ideal, durante la cual los cachorros son más receptivos a nuevas experiencias. Durante este período, es vital exponer a su cachorro a una amplia variedad de personas, animales, entornos y situaciones de manera buena y controlada. Esto ayuda a prevenir el miedo y la ansiedad en el futuro.

Cree una "lista de verificación de socialización" que incluya diferentes tipos de personas (niños, hombres con barba, personas con sombrero, personas de diferentes etnias), varios animales (otros perros, gatos, ganado), diferentes superficies (césped, concreto, rejas metálicas) y sonidos diversos (tráfico, electrodomésticos, tormentas). Presente estas cosas gradualmente y siempre correlacionadas con experiencias positivas a través de golosinas, elogios y juegos.

Los cursos para cachorros pueden ser un método maravilloso para combinar la socialización con la instrucción temprana de obediencia. Estos programas proporcionan un entorno controlado para que los cachorros socialicen entre sí y aprendan órdenes básicas. Asegúrese de que la clase que elija utilice métodos de refuerzo positivo y cuente con medidas para evitar la propagación de infecciones.

Cuando se trata de entrenamiento de obediencia, comience con instrucciones básicas como "siéntate", "quédate", "ven" y "déjalo". Utilice tácticas de refuerzo positivo, recompensando las acciones deseadas con golosinas, elogios o juegos. Mantenga las sesiones de entrenamiento breves (de 5 a 10 minutos) y frecuentes, ya que los cachorros tienen períodos de atención cortos. Termine siempre con una nota positiva para mantener a su cachorro entusiasmado con el entrenamiento.

El adiestramiento en casa es otro componente vital del adiestramiento de un cachorro. Establezca un régimen constante para la alimentación, los descansos para ir al baño y el tiempo en la jaula. Saque a su cachorro con frecuencia, especialmente después de las comidas, las siestas y las sesiones de juego. Cuando los eliminen afuera, ofréceles elogios y golosinas rápidamente. Si ocurren accidentes en el interior, limpie cuidadosamente con un limpiador enzimático y evite el castigo, que podría crear conexiones desagradables con la eliminación.

El adiestramiento en jaulas puede ser excelente para el adiestramiento en casa y para proporcionar un área segura para su perro. Introduzca la caja gradualmente, convirtiéndola en un lugar positivo con juguetes y recompensas. Nunca uses la jaula como castigo y asegúrate de que tu perro no pase demasiado tiempo en ella.

La inhibición de mordeduras es otra habilidad clave que deben dominar los cachorros. Si bien los mordiscos de los cachorros son típicos, es vital enseñarles a regular la fuerza de su mordida. Cuando juegue, si su cachorro muerde demasiado fuerte, deje escapar un chillido agudo y deje de jugar inmediatamente. Esto refleja cómo los cachorros aprenden a controlar las mordidas de sus compañeros de camada. Redaríjalos a juguetes para masticar apropiados cuando intenten morder.

El entrenamiento con correa debe comenzar temprano. Comience dejando que su cachorro use un collar o arnés durante períodos breves en el interior. Una vez que se sienta cómodo, conecte una correa ligera y déjele arrastrarla bajo supervisión. Avanza gradualmente hasta sujetar la correa y anímalo a que te siga con recompensas y elogios.

Enseñar a los cachorros a sentirse cómodos con el manejo es vital para futuras visitas al veterinario y al aseo. Manipule con regularidad y delicadeza las patas, las orejas, la boca y la cola de su cachorro, y siempre combine la experiencia con golosinas y elogios.

Recuerde que cada cachorro es un individuo y puede madurar a ritmos diferentes. Sea paciente y consistente en su estrategia de entrenamiento. Evite abrumar a su cachorro con demasiadas experiencias nuevas a la vez y siempre revise su lenguaje corporal para detectar señales de estrés o miedo.

Por último, no olvide hacer que su casa sea a prueba de cachorros. Elimine o asegure los riesgos potenciales, proporcione juguetes para masticar adecuadamente y establezca un entorno seguro donde su cachorro pueda relajarse sin ser molestado. Esto prepara a los niños para el éxito e inhibe el desarrollo de conductas indeseables.

Al centrarse en la socialización, las buenas experiencias y el entrenamiento básico durante el importante período del cachorro, está estableciendo el marco para un perro adulto bien adaptado, confiado y obediente.

Perros mayores: métodos de adaptación para caninos mayores

El adiestramiento de perros geriátricos plantea distintos problemas y oportunidades. Si bien los perros mayores pueden no tener los mismos niveles de actividad o capacidades físicas que sus homólogos más jóvenes, con frecuencia tienen la ventaja de tener experiencia de vida y una mayor capacidad de atención. Adaptar los métodos de entrenamiento para perros mayores implica evaluar sus limitaciones físicas y posibles cambios cognitivos, y aprovechar sus conocimientos y talentos existentes.

En primer lugar, es vital realizar un chequeo veterinario completo antes de comenzar cualquier nuevo régimen de entrenamiento con un perro mayor. Las condiciones de salud relacionadas con la edad, como la artritis, la pérdida de la vista o la audición, o el deterioro cognitivo, pueden afectar en gran medida la capacidad de un perro para aprender y realizar determinadas tareas. Comprender el estado de salud de tu perro te ayudará a modificar correctamente tu método de adiestramiento.

Al entrenar perros mayores, es fundamental ser paciente y establecer expectativas realistas. Si bien el dicho "no se pueden enseñar nuevos trucos a un perro viejo" es mentira, los perros mayores pueden tardar más en adquirir nuevas acciones o romper hábitos arraigados. Mantenga las sesiones de entrenamiento breves (5 a 10 minutos) pero frecuentes para adaptarse a la capacidad de atención potencialmente reducida y prevenir el cansancio físico.

El refuerzo positivo sigue siendo la estrategia de entrenamiento más eficaz para perros de todas las edades, pero es especialmente vital para las personas mayores. Utilice obsequios de gran valor, elogios y caricias suaves como recompensas. Tenga en cuenta las restricciones dietéticas que pueda tener su perro mayor y compre golosinas en consecuencia. Algunos perros mayores pueden responder mejor a los elogios o las caricias suaves que a las recompensas de comida, especialmente si tienen poco apetito.

Adapte sus técnicas de ejercicio para adaptarse a cualquier limitación física. Para perros con artritis o trastornos de las articulaciones, evite los entrenamientos que requieran saltos o movimientos rápidos. En su lugar, concéntrate en actividades de estimulación cerebral o ejercicios físicos de bajo impacto. Por ejemplo, podría enseñarle a trabajar la nariz o actividades olfativas, que se pueden realizar a un ritmo más lento y no implican mucho esfuerzo físico.

Si su perro tiene problemas de visión o audición, utilice señales con las manos junto con señales verbales en su entrenamiento. Para los perros con pérdida auditiva, puede utilizar señales con las manos o señales luminosas (como encender una linterna) como órdenes. Para las personas con dificultades de visión, proporcione señales verbales claras y considere combinar señales táctiles, como un toque suave en diferentes regiones del cuerpo para indicar distintos comportamientos.

El síndrome de disfunción cognitiva (SDC) es frecuente en perros ancianos y puede limitar su capacidad para aprender y recordar órdenes. Si su perro muestra signos de CDS, concéntrese en preservar las habilidades existentes en lugar de introducir otras completamente nuevas. Divida las cosas en partes más pequeñas y alcanzables y prepárese para ofrecer recordatorios y recompensas con más regularidad.

Incorporar estimulación mental a la rutina de su perro mayor es vital para mantener la función cognitiva. Los rompecabezas, los juegos de escondite con golosinas y el entrenamiento de tareas nuevas y sencillas pueden ayudar a mantener activa la mente de su perro mayor. Estas actividades también pueden ayudar a mejorar su amistad y crear un sentido de propósito para su compañero mayor.

Cuando se trata de modificar el comportamiento en perros ancianos, es fundamental recordar la naturaleza duradera de algunos comportamientos. Los hábitos que se han reforzado durante años pueden ser más difíciles de modificar. Concéntrese en regular el entorno para prevenir comportamientos no deseados y fomentar continuamente las alternativas deseadas.

Para los perros ancianos que quizás no hayan recibido mucho entrenamiento en su juventud, comience con órdenes básicas de obediencia como "siéntate", "quédate" y "ven". Estas habilidades fundamentales pueden mejorar la comunicación y brindar un marco para una capacitación más avanzada si se desea.

Recuerde revisar periódicamente a su perro mayor para detectar signos de estrés o cansancio durante las sesiones de entrenamiento. Jadear intensamente, lamerse los labios durante mucho tiempo, bostezar o esforzarse por escapar son indicadores de que su perro puede necesitar un descanso. Esté preparado para terminar las lecciones temprano si su perro parece incómodo o desinteresado.

Por último, celebre las victorias menores con su perro mayor. Aprender nuevas habilidades o mantener las existentes en sus años dorados es un gran logro. Su paciencia, comprensión y refuerzo positivo pueden mejorar considerablemente la calidad de vida de su perro mayor y construir su vínculo durante sus últimos años.

Capacitación para la Terapia y el Trabajo de Servicio

Entrenar perros para terapia y trabajo de servicio es un esfuerzo hábil y gratificante que implica dedicación, paciencia y una profunda comprensión del comportamiento canino y los requisitos humanos. Si bien los perros de terapia y los perros de asistencia tienen diferentes objetivos y tienen clasificaciones legales separadas, ambos requieren un entrenamiento sustancial para cumplir sus tareas de manera eficiente y segura.

A los perros de servicio se les enseña individualmente a realizar tareas específicas para personas con discapacidades. Estas tareas pueden incluir guiar a personas con discapacidad visual, alertar a personas con discapacidad auditiva sobre sonidos importantes, tirar de una silla de ruedas, alertar y proteger a una persona que sufre una convulsión, recordarle a una persona con una enfermedad mental que tome los medicamentos recetados o calmar a una persona con problemas de salud mental. Trastorno de estrés traumático (TEPT) durante un ataque de ansiedad.

El procedimiento de entrenamiento para perros de servicio a menudo comienza con la selección de cachorros que muestran el temperamento y la aptitud adecuados para el trabajo. Las razas que normalmente se utilizan para trabajos de servicio incluyen Labrador Retrievers, Golden Retrievers y Pastores alemanes, mientras que muchas otras razas y perros mestizos también pueden tener éxito en este trabajo.

El entrenamiento básico de obediencia es la base del adiestramiento de perros de servicio. Esto incluye órdenes como sentarse, quedarse quieto, venir, seguir y agacharse. Los perros de servicio deben poder ejecutar estas órdenes de manera confiable en una variedad de contextos y bajo diversos niveles de distracción.

Después de lograr la obediencia básica, a los perros de servicio se les enseñan actividades particulares relacionadas con la discapacidad de su posible adiestrador. Esto puede implicar enseñar a un perro a recuperar artículos caídos, abrir puertas, encender y apagar luces o alertar a sonidos u olores específicos. Las tareas específicas dependen de las necesidades individuales de la persona con discapacidad.

El adiestramiento en acceso público es otro componente vital del adiestramiento de perros de servicio. Estos perros deben poder permanecer tranquilos y atentos en una variedad de entornos públicos, incluidos restaurantes, tiendas, transporte público y áreas congestionadas. Deben evitar distracciones como otras personas, animales y comida, y mantener su atención en su guía.

A los perros de terapia, por otro lado, se les enseña a brindar comodidad y asistencia en diversos entornos, como hospitales, hogares de ancianos, escuelas y regiones de desastre. Si bien no tienen el mismo estatus legal ni derechos de acceso público que los perros de servicio, requieren un entrenamiento específico para cumplir su deber de manera eficiente.

El adiestramiento de perros de terapia se basa principalmente en el temperamento y la socialización. Estos perros deben ser tranquilos, amigables y sentirse cómodos siendo acariciados por extraños. Necesitan mantener la compostura en entornos variados y alrededor de diferentes tipos de equipos a los que podrían enfrentarse, como sillas de ruedas o portasueros en un entorno hospitalario.

La obediencia básica también es crucial para los perros de terapia. Deben poder sentarse, permanecer quietos, venir cuando los llamen y caminar suavemente con una correa. Los talentos adicionales pueden incluir órdenes particulares como "visitar" (acercarse a una persona para interactuar) o "dejarla" (ignorar alimentos u otros bienes que podrían arrojarse en una instalación).

Tanto los perros de servicio como los de terapia deben estar expuestos a una amplia variedad de personas, animales, entornos y circunstancias durante su entrenamiento. Esto ayuda a garantizar que mantengan la calma y la concentración en cualquier condición que puedan experimentar durante su empleo.

El tiempo de entrenamiento tanto para los perros de servicio como para los de terapia puede variar mucho; sin embargo, normalmente un perro de servicio tarda entre 1 y 2 años en terminar su entrenamiento, mientras que el entrenamiento de un perro de terapia puede completarse en varios meses a un año.

Es fundamental enfatizar que, si bien muchos perros pueden ser entrenados en obediencia básica, no todos los perros son aptos para terapia o trabajo de servicio. El perro debe tener el temperamento, las capacidades físicas y la motivación para trabajar correctamente. Las pruebas de salud periódicas y las evaluaciones de temperamento durante el proceso de formación ayudan a garantizar que sólo los caninos adecuados para la profesión obtengan la certificación.

Para las personas interesadas en entrenar a sus perros para trabajos terapéuticos, varias organizaciones ofrecen talleres de adiestramiento de perros de terapia y programas de certificación. Sin embargo, normalmente se recomienda que los perros de servicio sean entrenados por grupos profesionales debido a la complejidad y la importancia de su trabajo.

Los cuidadores de perros de servicio y de terapia también requieren entrenamiento. Deben aprender a trabajar eficazmente con sus perros, mantener el adiestramiento del perro y comprender las preocupaciones legales y éticas de su empleo.

En conclusión, entrenar perros para labores terapéuticas y de servicios es un proceso complejo pero gratificante que demanda una gran inversión de tiempo y recursos. Sin embargo, el efecto final es una colaboración entre humanos y perros que puede mejorar sustancialmente la calidad de vida y brindar apoyo y consuelo cruciales a las personas necesitadas.

Capítulo Nueve

Superar los desafíos del entrenamiento

Solución de problemas de errores comunes de entrenamiento

Incluso los adiestradores de perros expertos se enfrentan a problemas y cometen errores durante el proceso de adiestramiento. Reconocer y corregir estos errores comunes es vital para continuar el progreso y brindar una experiencia de aprendizaje feliz tanto para el perro como para el adiestrador. Estos son algunos de los problemas de entrenamiento más frecuentes y cómo solucionarlos:

1. Inconsistencia: Una de las fallas más frecuentes es la inconsistencia en las directivas, incentivos o reglas. Los perros dependen de la coherencia y pueden confundirse si la misma acción a veces es recompensada y otras veces ignorada o castigada. Para combatir esto, asegúrese de que todos los miembros de la familia o cuidadores utilicen las mismas directivas y sigan las mismas regulaciones. Crea una estrategia de entrenamiento definida y cúmplela.

2. Mal momento: El tiempo es crucial en el adiestramiento canino. Las recompensas o correcciones que llegan demasiado tarde después del comportamiento pueden ser ineficaces o incluso promover un comportamiento inadecuado. Para optimizar el tiempo, utilice un clicker o un marcador vocal constante (como "sí") para señalar con precisión el comportamiento deseado. Practica tu sincronización sin tu perro primero, usando una pelota que rebote o un miembro de la familia para replicar el comportamiento que estás tratando de marcar.

3. Sesiones de entrenamiento excesivamente largas: Los perros, especialmente los cachorros, tienen una capacidad de atención limitada. Las sesiones de entrenamiento prolongadas pueden provocar frustración y poca eficacia. Mantenga las sesiones de entrenamiento cortas (5-15 minutos) pero frecuentes. Termine cada sesión con una buena nota con un comportamiento que su perro conozca bien.

4. Abusar de golosinas: Si bien las golosinas son un incentivo fantástico, confiar demasiado puede llevar a que un perro solo se comporte cuando la comida es visible. Disminuya gradualmente la frecuencia de las golosinas y agregue otras recompensas como elogios, juegos o recompensas de la vida (como salir a caminar). Utilice un plan de refuerzo flexible para mantener a su perro adivinando e involucrado.

5. No corregir comportamientos: Muchos dueños entrenan en un área y esperan que el perro se desempeñe en todas partes. Los perros no generalizan bien, por lo que un comportamiento aprendido en la sala de estar puede no trasladarse al parque. Pruebe sus hábitos practicando en múltiples situaciones, con distracciones variadas y a distancias variables.

6. Métodos basados en el castigo: Usar el castigo puede arruinar la relación con tu perro y potencialmente generar miedo o agresividad. Si depende del castigo, reevalúe su estrategia de entrenamiento. Concéntrese en recompensar las acciones deseadas y regular el entorno para prevenir comportamientos no deseados.

7. Falta de gestión: El adiestramiento lleva tiempo y, mientras tanto, es vital regular el entorno de su perro para evitar que repita hábitos desagradables. Utilice puertas, correas o jaulas para bebés según sea necesario para preparar a su perro para el éxito.

8. Moverse demasiado rápido: Saltarse pasos o avanzar demasiado rápido puede hacer que su perro fracase. Divida las actividades difíciles en pasos pequeños y manejables. Sólo pase a la siguiente fase cuando su perro tenga éxito regularmente en el nivel actual.

9. No entender el lenguaje corporal canino: Malinterpretar o ignorar las señales de estrés de su perro puede provocar contratiempos. Aprenda a detectar signos de estrés, miedo o sobreestimulación en su perro. Si observas estos indicadores, tómate un descanso o simplifica la actividad formativa.

10. Criterios inconsistentes: Cambiar los criterios de comportamiento con demasiada frecuencia confundirá a su perro. Decide cuál es tu objetivo final para cada acción y construye un plan claro para llegar allí, impulsando criterios de forma progresiva y consistente.

11. No abordar el estado físico y mental del perro: Un perro cansado, hambriento o que no se siente bien no aprenderá adecuadamente. Asegúrese de que se cumplan los requisitos fundamentales de su perro antes del entrenamiento. Tenga en cuenta la hora del día y los niveles de energía de su perro al programar las sesiones de entrenamiento.

12. Falta de paciencia: La formación lleva tiempo y el desarrollo no siempre es lineal. La frustración puede llevar a cometer errores o a dejar de fumar. Si siente que se siente frustrado, tómese un descanso. Celebre los pequeños éxitos y recuerde que cada perro aprende a su ritmo.

Para resolver estos y otros problemas de formación, puede ser bueno llevar un diario de formación. Registre lo que funciona, lo que no y cualquier patrón que vea. Esto podría ayudarle a descubrir dificultades y realizar un seguimiento de las mejoras a lo largo del tiempo. No dude en buscar ayuda de un entrenador profesional o un conductor si sufre un problema determinado con frecuencia.

Recuerde, los errores son una parte normal del proceso de aprendizaje tanto para usted como para su perro. La idea es notarlos, aprender de ellos y adaptar su estrategia en consecuencia. Con paciencia, perseverancia y buena actitud, podrás superar estos problemas comunes de adiestramiento y crear una relación sólida y satisfactoria con tu perro.

Superando los estancamientos del entrenamiento

Los estancamientos en el adiestramiento son un problema común en el adiestramiento canino. Estos son períodos en los que el progreso parece estancarse y puede parecer que usted y su perro están bloqueados en un nivel establecido de competencia. Si bien son irritantes, los estancamientos son una parte típica del proceso de aprendizaje y pueden superarse con las tácticas y la mentalidad correctas.

Entendiendo las mesetas:

Antes de intentar superar un estancamiento, es crucial comprender por qué ocurren. El aprendizaje rara vez es un proceso lineal y los perros (al igual que las personas) suelen necesitar tiempo para consolidar nuevas habilidades antes de moverse. Lo que puede parecer una falta de desarrollo podría ser una fase clave del procesamiento mental y el refuerzo de habilidades.

Identificando verdaderas mesetas:

En primer lugar, compruebe que se enfrenta a un verdadero estancamiento y no simplemente a expectativas excesivas. Los avances en el adiestramiento canino pueden ser modestos. Mantenga un cuaderno de capacitación para monitorear pequeñas mejoras que de otro modo podría pasar por alto. Si no ha visto ningún desarrollo durante varias semanas a pesar del entrenamiento constante, es probable que se encuentre en un estancamiento.

Estrategias para abrirse paso:

1. Cambiar el entorno: Los perros no generalizan bien, lo que significa que un comportamiento enseñado en un entorno puede no traducirse en otro. Si has estado entrenando en el mismo lugar, muévete a un entorno nuevo. Esto puede reactivar la atención de su perro y ayudar a consolidar el comportamiento en diferentes circunstancias.

2. Aumentar o disminuir las distracciones: Si ha estado entrenando en un entorno libre de distracciones, introduzca distracciones gradualmente para empujar a su perro. Por el contrario, si ha estado entrenando en un entorno con muchas distracciones, intente reducir la escala para ayudar a su perro a concentrarse y lograr logros.

3. Revisar las fundaciones: A veces, los estancamientos se producen porque las habilidades fundamentales no son sólidas. Da un paso atrás y estudia la obediencia básica o los componentes de conductas más sofisticadas. Fortalecer estas bases a menudo puede conducir a avances en habilidades avanzadas.

4. Cambiar recompensas: Es posible que su perro se haya vuelto insensible a las recompensas presentes. Intente ofrecer obsequios nuevos y de alto valor o experimente con recompensas que no sean alimentos, como juguetes o actividades queridos.

5. Acortar las sesiones de entrenamiento: Las sesiones largas pueden provocar cansancio mental. Pruebe numerosas sesiones cortas (incluso de unos pocos minutos) a lo largo del día en lugar de una larga.

6. Incorporar juegos: Convierte el entrenamiento en un juego para hacerlo más entretenido. Utilice juegos de escondite para practicar el recuerdo o compita con su perro para reforzar la velocidad en tareas particulares.

7. Pruebe un nuevo método de enseñanza: Si has estado utilizando tentadores, intenta dar forma. Si ha estado utilizando señales verbales, considere las señales con las manos. A veces, abordar el comportamiento desde un nuevo punto de vista puede conducir a un gran avance.

8. criterio de aumento o disminución: Es posible que necesites reducir temporalmente tu criterio para permitir más éxitos, o podrías necesitar aumentar el listón si tu perro considera que el nivel actual es demasiado simple.

9. Concéntrate en una habilidad diferente: A veces, tomar un descanso del comportamiento estancado y trabajar en algo completamente diferente puede generar mejoras cuando regrese al comportamiento original.

10. Utilice el entrenamiento de captura: Esté atento a que su perro ejecute naturalmente el comportamiento deseado y recompensalo. Esto puede ayudar a reforzar el comportamiento fuera de las sesiones de entrenamiento oficiales.

11. Divida aún más el comportamiento: Si está trabajando en un comportamiento complejo, divídelo en pasos aún más pequeños. A veces lo que a nosotros nos parece una única conducta, para el perro es una cadena de múltiples conductas.

12. Busque ayuda profesional: Un nuevo par de ojos a menudo puede identificar inquietudes que quizás estés pasando por alto. Considere asistir a una clase de capacitación o hablar con un entrenador profesional.

13. Compruebe si hay dificultades físicas.: A veces, lo que parece ser un estancamiento en el entrenamiento podría deberse a malestares físicos o dificultades de salud. Si la meseta persiste, hable con su veterinario para descartar cualquier problema médico.

Mantener la motivación:
Superar los estancamientos exige paciencia y esfuerzo. Mantenga las sesiones de entrenamiento agradables y concluya con una buena nota, incluso si eso significa volver a comportarse con calma. Celebre los logros modestos y recuerde que los estancamientos son una parte típica del proceso de aprendizaje.

Recuerde, cada perro es un individuo y puede responder de manera diferente a estas tácticas. Esté abierto a explorar y adaptar su enfoque en función de las respuestas de su perro. Con paciencia, inventiva y trabajo constante, puedes superar los estancamientos del entrenamiento y continuar progresando en tu viaje de formación.

Adaptarse a las personalidades individuales de los perros

Una de las habilidades más críticas en el adiestramiento canino es la capacidad de modificar sus métodos para adaptarlos a personalidades caninas específicas. Cada perro es único, con su propio temperamento, estilo de aprendizaje y objetivos. Reconocer y adaptar estas características individuales puede aumentar drásticamente la eficiencia de su entrenamiento y desarrollar su vínculo con su perro.

Comprender los tipos de personalidad canina:

Si bien cada perro es un individuo, algunos rasgos de personalidad comunes pueden ayudar y guiar su enfoque de entrenamiento:

1. El perro confiado: Estos caninos suelen ser independientes y pueden estar menos motivados por los elogios. Podrían desafiar las regulaciones y necesitar una capacitación persistente, dura (pero positiva).

2. El perro tímido o temeroso: Estos perros exigen paciencia y un trato suave. A menudo necesitan más tiempo para adquirir confianza y pueden sentirse rápidamente abrumados por las nuevas experiencias.

3. El perro de alta energía: Estos perros suelen tener poca capacidad de atención y necesitan mucha actividad física y mental. Pueden sobresalir en enfoques de entrenamiento activo.

4. El perro relajado: Estos perros tranquilos pueden necesitar una motivación adicional para participar en el entrenamiento. A menudo responden bien a recompensas alimentarias y a estímulos suaves.

5. El perro sensible: Estos perros están muy en sintonía con las emociones de sus dueños y pueden cerrarse si sienten tensión o irritación. Requieren un enfoque tranquilo y optimista.

Adaptando su enfoque de entrenamiento:

1. Ajusta tu energía: Haga coincidir su nivel de energía con la personalidad de su perro. Los perros con mucha energía suelen reaccionar bien a una técnica de entrenamiento alegre y entusiasta, mientras que los caninos más sensibles pueden optar por un enfoque más suave.

2. Recompensas personalizadas: Algunos perros están muy motivados por la comida, mientras que otros prefieren los elogios, el juego o la oportunidad de practicar una actividad favorita. Experimente para determinar qué es lo que más inspira a su perro único.

3. Modificar la duración de la sesión de entrenamiento: Los perros con períodos de atención más cortos pueden beneficiarse de muchas sesiones breves a lo largo del día, mientras que los perros a los que les gustan los desafíos mentales pueden participar mejor en sesiones más largas.

4. Adapte su entorno de formación: Es posible que los perros tímidos necesitan comenzar a entrenar en un ambiente tranquilo y familiar antes de trasladarse progresivamente a lugares más desafiantes. Los perros confiados pueden necesitar el desafío cada vez mayor de las distracciones al principio del proceso de entrenamiento.

5. Ajuste su estilo de enseñanza: Algunos perros aprenden mejor mediante enfoques de señuelo y recompensa, mientras que otros prefieren moldear o capturar acciones. Sea adaptable en su técnica de enseñanza.

6. Considere las cualidades de la raza: Si bien la personalidad individual es vital, las cualidades de la raza pueden proporcionar información sobre las tendencias inherentes y el estilo de aprendizaje de su perro. Por ejemplo, las razas de pastoreo pueden responder bien a estímulos basados en el movimiento, mientras que los sabuesos pueden sobresalir en ejercicios de entrenamiento de la nariz.

7. Respeta los límites de tu perro: Algunos perros aprecian el contacto físico cercano durante el entrenamiento, mientras que otros necesitan más distancia. Observe el lenguaje corporal de su perro y respete su nivel de comodidad.

8. Ajuste sus expectativas: Diferentes personalidades mejoran a diferentes ritmos. Un perro confiado y deseoso de complacer puede adquirir nuevos hábitos rápidamente, mientras que un perro más independiente o cauteloso puede necesitar más tiempo.

9. Utilice desafíos adecuados: Los perros seguros de sí mismos pueden beneficiarse de ejercicios difíciles que los desafíen psicológicamente, mientras que los perros más tímidos pueden necesitar que su entrenamiento se divida en pasos más pequeños y claramente alcanzables para desarrollar confianza.

10. Gestionar el medio ambiente: Para perros que se distraen fácilmente, es posible que deba comenzar a entrenar en un entorno con poca distracción y agregar obstáculos muy gradualmente. Para los perros que se aburren con facilidad, es posible que deba modificar sus lugares y tácticas de entrenamiento con más frecuencia.

11. investigar actividades alternativas: Si el entrenamiento típico de obediencia no parece interesar a su perro, investigue alternativas que puedan adaptarse mejor a su naturaleza. Por ejemplo, un perro con un gran impulso de presa tendría éxito en la caza con señuelos, mientras que un perro al que le encanta usar el olfato podría preferir el trabajo con el olfato.

12. Sea paciente con las respuestas emocionales: Algunos perros pueden tener respuestas emocionales que exigen paciencia y comprensión. Por ejemplo, un perro con ansiedad podría necesitar mucho tiempo y experiencias positivas para superar la ansiedad.

Evaluación continua:
Recuerda que la personalidad y las exigencias de tu perro pueden variar con el tiempo debido a la edad,

experiencias o circunstancias ambientales. Examine periódicamente su enfoque y esté preparado para modificarlo según sea necesario.

Buscando ayuda profesional:
Si está intentando adaptarse a la naturaleza de su perro, no dude en buscar el consejo de un adiestrador o conductor profesional. Pueden proporcionar orientación personalizada y métodos adaptados a su perro específico.

En conclusión, el secreto para un adiestramiento canino exitoso reside en su capacidad para observar, analizar y adaptarse a la personalidad específica de su perro. Al adaptar su enfoque para satisfacer las características e intereses de su perro, puede crear una experiencia de entrenamiento que no sólo sea productiva sino también placentera tanto para usted como para su compañero canino. Recuerde, el objetivo no es simplemente enseñarle hábitos, sino establecer una conexión fuerte y positiva con su perro basada en la comprensión y el respeto mutuos.

Capítulo Diez

Integración del estilo de vida y éxito a largo plazo

Incorporar el entrenamiento a las rutinas diarias

Incorporar el adiestramiento canino en las actividades diarias es un excelente método para retener y reforzar los comportamientos enseñados y al mismo tiempo mejorar el vínculo entre usted y su amigo canino. Esta técnica convierte los eventos diarios en oportunidades de aprendizaje y refuerzo, haciendo que el entrenamiento sea una parte integral de la vida de su perro en lugar de una actividad distinta y organizada.

Una de las formas más exitosas de integrar el entrenamiento en la vida diaria es mediante el enfoque "Nada en la vida es gratis" (NILIF). Esta idea sostiene que su perro debería recibir beneficios en la vida a través de la obediencia. Por ejemplo, antes de alimentarlo, dígale a su perro que se siente y espere. Antes de salir a caminar, pídale que se quede abajo mientras le pone la correa. Esto no sólo enseña obediencia, sino que también te posiciona como fuente de cosas buenas, mejorando tu papel de liderazgo.

La hora de comer ofrece varias posibilidades de entrenamiento. Utilice croquetas de porciones controladas como premio de entrenamiento a lo largo del día, reduciendo proporcionalmente la cantidad en sus comidas normales. Esto mantiene a su perro motivado para entrenar sin sobrealimentar. También puedes utilizar la hora de comer para desarrollar el control de sus impulsos haciendo que tu perro espere tranquilamente mientras preparan su comida.

Las caminatas diarias son buenas oportunidades para entrenar. Practique caminatas con correa suelta, ejercicios de concentración e instrucciones de obediencia en diversas circunstancias. Utilice paradas naturales, como esperar para cruzar una calle, como ocasiones para reforzar las posturas sentadas. Incorpore sesiones breves de entrenamiento en su paseo, utilizando recompensas ambientales (como olfatear un lugar atractivo) como refuerzo para una excelente conducta.

El tiempo de juego también puede ser educativo. Integre órdenes de obediencia en juegos de recuperar o tirar. Por ejemplo, pida sentarse o sentarse antes de lanzar la pelota, o practique "déjela caer" durante el tira y afloja. Esto no sólo refuerza las órdenes sino que también le enseña a su perro a escuchar incluso cuando está ansioso.

Las tareas domésticas cotidianas ofrecen varias opciones de formación. Mientras cocinas, puedes reforzar la orden de "lugar" haciendo que tu perro vaya a su cama. Cuando vea televisión, practique momentos de tranquilidad y relajación. Cuando llegan los invitados, es una oportunidad fantástica para concentrarse en los modales y saludos en la puerta.

Los paseos en automóvil brindan la posibilidad de practicar llegar y salir suavemente, acomodarse durante el viaje y mantener la calma en entornos variados. Incluso cosas básicas como el aseo pueden convertirse en ejercicios de entrenamiento para el manejo y la paciencia.

Para los perros que aprecian "ayudar", se pueden diseñar profesiones que integren el entrenamiento. Enséñeles a recolectar ciertos bienes, transportar cosas livianas o incluso ayudar con tareas simples como cerrar puertas. Esta estimulación cerebral puede ser especialmente buena para razas trabajadoras o con mucha energía.

La constancia es crucial a la hora de incorporar el entrenamiento a la vida diaria. Asegúrese de que todos los miembros de la familia estén de acuerdo y utilicen los mismos comandos y expectativas. Esta constancia ayuda a su perro a aprender que la obediencia es un requisito permanente, no sólo durante las sesiones oficiales de entrenamiento.

Recuerda mantener estos momentos de entrenamiento integrados agradables y rápidos. La idea es hacer del entrenamiento una parte natural y placentera del día de su perro, no un deber. Recompense libremente con elogios, golosinas o premios vitalicios para mantener a su perro involucrado y motivado.

A medida que su perro se vuelve más hábil, puede aumentar la dificultad del entrenamiento de la vida diaria. Agregue desvíos, prolongue la duración de los comportamientos o encadene numerosas instrucciones. Este desafío continuo mantiene a su perro mentalmente activo y elimina el aburrimiento.

Incorporar el entrenamiento a las rutinas regulares también ayuda con la generalización: la capacidad de realizar conductas enseñadas en múltiples circunstancias. Al practicar órdenes en diversos escenarios a lo largo del día, su perro aprende a responder de manera confiable independientemente del entorno.

Por último, recuerda que cada interacción con tu perro es una posible sesión de entrenamiento. Tus acciones y respuestas consistentes le enseñan a tu perro sobre las expectativas y los límites. Al tener una actitud tolerante y agradable en sus encuentros diarios, estará reforzando constantemente el buen comportamiento y profundizando su vínculo.

Al incorporar el entrenamiento sin esfuerzo a tu vida diaria, construyes un estilo de vida de aprendizaje y cooperación con tu perro. Este enfoque no sólo mantiene y mejora sus talentos, sino que también fomenta una profunda comprensión y conexión entre usted y su compañero canino, lo que lleva a una relación armoniosa y satisfactoria.

El papel de la nutrición y el ejercicio en el comportamiento

A menudo se subestima la importancia de la nutrición y el ejercicio en el comportamiento de un perro; sin embargo, estos elementos desempeñan un papel fundamental en el bienestar general de un perro y, posteriormente, en su comportamiento y capacidad de adiestramiento. Comprender y gestionar estas partes de la vida de su perro puede mejorar drásticamente su salud física, su condición mental y su respuesta al entrenamiento.

El impacto de la nutrición en el comportamiento:

Una dieta equilibrada y de alta calidad es vital para el bienestar físico y mental de un perro. La mala nutrición puede provocar varios trastornos del comportamiento, como ira, hiperactividad y letargo. Por el contrario, una dieta bien equilibrada puede promover una conducta tranquila, mejorar la concentración y mejorar el rendimiento cognitivo.

La proteína es un componente esencial de la dieta de un perro y juega un efecto significativo en el comportamiento. Una proteína adecuada y de alta calidad mantiene la actividad de los neurotransmisores en el cerebro, lo que puede alterar el estado de ánimo y el comportamiento. Sin embargo, la fuente y la calidad de las proteínas son importantes. Algunos perros pueden ser sensibles a fuentes de proteínas específicas, lo que puede provocar trastornos digestivos o alergias que se presentan como problemas de comportamiento.

Los carbohidratos también tienen un impacto en el comportamiento. Si bien los perros no tienen un requerimiento nutricional de carbohidratos, pueden ser una fuente de energía beneficiosa. Los carbohidratos complejos brindan energía continua, lo que puede ayudar a mantener estables los niveles de azúcar en la sangre y promover un comportamiento tranquilo. Por otro lado, las dietas ricas en carbohidratos simples pueden generar cambios rápidos de azúcar en la sangre, lo que quizás provoque hiperactividad seguida de cansancio.

Los ácidos grasos esenciales, en particular los omega-3, son necesarios para la salud del cerebro y pueden influir en el comportamiento. Las dietas ricas en omega-3 se han relacionado con una mayor capacidad de entrenamiento y una menor agresividad en varios ensayos. Estos ácidos grasos también son fundamentales para la salud del pelaje, lo que puede afectar indirectamente el comportamiento: un perro con picazón en la piel debido a la mala calidad del pelaje puede mostrar un comportamiento irritado.

Las vitaminas y los minerales también desempeñan un papel importante en el comportamiento. Por ejemplo, las vitaminas B son cruciales para el funcionamiento del sistema nervioso y su escasez puede provocar irritación o incluso trastornos neurológicos. Minerales como el magnesio y el calcio son importantes para el funcionamiento normal de los músculos y los nervios.

Es vital tener en cuenta que, si bien una nutrición adecuada es crucial, la sobrealimentación puede provocar obesidad, lo que puede provocar malestar y restricción de la movilidad, lo que podría provocar irritación o letargo. Mantener un peso saludable mediante un control adecuado de las porciones es vital tanto para la salud física como para la buena conducta.

Ejercicio y sus beneficios para el comportamiento:

El ejercicio regular es crucial para el bienestar físico y emocional de un perro. La actividad física adecuada puede prevenir o disminuir muchos problemas de conducta que surgen del aburrimiento, el exceso de energía o la preocupación.

La cantidad y el tipo de ejercicio que necesita un perro pueden variar sustancialmente según su edad, raza y disposición particular. Las razas con mucha energía, como los Border Collies o los Huskies siberianos, a menudo exigen un ejercicio más vigoroso que las razas con menos energía, como los Basset Hounds o los Bulldogs. Sin embargo, todos los caninos se benefician de la actividad física frecuente.

El ejercicio proporciona una salida de energía, lo que puede minimizar los comportamientos destructivos que se encuentran comúnmente en perros con poco ejercicio, como ladrar, masticar o cavar en exceso. También promueve un mejor sueño, lo que puede conducir a una conducta más tranquila durante las horas de vigilia.

La actividad física estimula la creación de endorfinas, las hormonas naturales del cuerpo que hacen sentir bien. Esto puede ayudar a reducir la tensión y la ansiedad, lo que lleva a un comportamiento más equilibrado. El ejercicio regular también puede cansar físicamente a un perro, haciéndolo más propenso a descansar cómodamente en casa y menos propenso a participar en actividades que busquen atención.

El tiempo de ejercicio también es una oportunidad fantástica para establecer vínculos y entrenar. Actividades como buscar, agilidad o simplemente un paseo organizado pueden reforzar las órdenes de obediencia y fomentar la interacción entre humanos y perros. Esta estimulación cerebral, junto con el ejercicio físico, puede dar como resultado un perro más concentrado y receptivo durante las sesiones de entrenamiento.

Los diferentes tipos de ejercicio brinda distintos beneficios. Por ejemplo:

1. Caminar o trotar proporciona actividad física y una oportunidad para estimular el cerebro mediante el olfato y la exploración.
2. La natación es un ejercicio fantástico de bajo impacto, especialmente útil para perros mayores o aquellos con problemas en las articulaciones.
3. Las actividades de buscar o frisbee ofrecen ráfagas de movimiento de alta intensidad y pueden ayudar a recordar el entrenamiento y a dar instrucciones para "soltarlo".
4. Las carreras de agilidad o de obstáculos ofrecen tanto entrenamiento físico como desafíos mentales.
5. El tira y afloja, cuando se juega con reglas, puede ser una fantástica salida de energía y una herramienta para enseñar a controlar los impulsos.

Es fundamental personalizar el régimen de ejercicio según las demandas y habilidades específicas de su perro. El esfuerzo excesivo puede provocar lesiones o cansancio, lo que puede afectar gravemente el comportamiento. Comience lentamente y aumente progresivamente la duración y la intensidad del ejercicio a medida que mejore el estado físico de su perro.

Combinando nutrición y ejercicio:
No se puede enfatizar la sinergia entre una nutrición saludable y un ejercicio adecuado. Un perro bien alimentado tendrá energía para la actividad y un perro bien ejercitado tendrá un apetito y un metabolismo saludables. Juntos, una nutrición excelente y el ejercicio regular sientan las bases para la salud física y el bienestar emocional, sentando las bases para un entrenamiento exitoso y un comportamiento deseable.

En conclusión, prestar atención a las necesidades dietéticas de su perro y asegurarse de que haga el ejercicio adecuado son componentes clave del manejo responsable del perro. Estos elementos influyen fuertemente en el comportamiento, la capacidad de adiestramiento y la calidad de vida general de su perro. Al maximizar la nutrición y el ejercicio, no solo estás apoyando la salud física de tu perro, sino también preparándolo para un comportamiento exitoso y una relación feliz contigo.

Educación continua: mantener las habilidades actualizadas

La educación continua en el adiestramiento canino es vital para mantener y desarrollar las habilidades de su perro a lo largo de su vida. Así como los humanos necesitan practicar y aprender cosas nuevas para mantener la mente fresca, los perros se benefician enormemente del entrenamiento continuo y la estimulación mental. Esta estrategia no sólo refuerza las conductas enseñadas, sino que también mejora el vínculo entre usted y su perro, proporciona enriquecimiento mental y puede ayudar a evitar o resolver trastornos de conducta.

Una de las motivaciones clave para la educación continua es prevenir el deterioro de las habilidades. Los perros, al igual que las personas, pueden olvidar las acciones adquiridas si no se practican con constancia. Esto es particularmente cierto en el caso de directivas o técnicas que no forman parte de la vida normal. Por ejemplo, un perro puede sobresalir en "quedarse" durante las sesiones de entrenamiento, pero fallar en entornos del mundo real si la capacidad no se refuerza de forma rutinaria en contextos variados.

La formación continua también permite mejorar las habilidades existentes. A medida que su perro se vuelve más hábil con instrucciones simples, puede aumentar la dificultad agregando longitud, distancia o distracciones. Por ejemplo, un perro que ha dominado la postura sentada en su sala de estar puede enfrentar el desafío de mantener la postura con distracciones, durante períodos más prolongados o a mayor distancia de usted.

Introducir nuevas habilidades y desafíos es otra parte clave de la educación continua. Aprender nuevas habilidades o practicar deportes caninos no solo proporciona estimulación cerebral sino que también aumenta la confianza de su perro y su capacidad para resolver problemas. Actividades como agilidad, trabajo de olfato, obediencia en rally o estilo libre canino pueden ser formas fantásticas de mejorar las habilidades de su perro mientras se divierten juntos.

Las sesiones de entrenamiento regulares, aunque sean breves, ayudan a preservar la actitud de entrenamiento tanto para usted como para su perro. Esto hace que sea más fácil abordar cualquier problema de comportamiento nuevo que pueda surgir y mantiene a su perro sensible a sus señales. Las sesiones cortas y frecuentes suelen ser más beneficiosas que las largas y poco frecuentes. Incluso cinco minutos de entrenamiento al día pueden marcar una gran diferencia a la hora de mantener y mejorar las habilidades de su perro.

La educación continua también requiere mantener información sobre nuevos enfoques de entrenamiento y comprensión del comportamiento canino. El área del adiestramiento canino evoluciona continuamente y nuevos estudios proporcionan información sobre enfoques de adiestramiento más eficaces y compasivos. Asistir a cursos, leer literatura actual o trabajar con un formador profesional puede ayudarle a mantenerse informado y mejorar sus enfoques de capacitación.

El enriquecimiento ambiental es un aspecto importante de la educación continua. Esto implica brindarle a su perro una variedad de experiencias y desafíos en su entorno. Los juguetes tipo rompecabezas, las colchonetas para snuffle y los comederos interactivos pueden proporcionar estimulación cerebral y reforzar las habilidades para resolver problemas. Rotar juguetes e introducir nuevos objetos o aromas ayuda a mantener el entorno de su perro original y atractivo.

La socialización debe ser un proceso continuo durante toda la vida de un perro. Continuar presentando a su perro nuevas personas, animales y situaciones de manera positiva ayuda a conservar sus habilidades sociales y su confianza. Esto puede implicar citas de juego organizadas, viajes a establecimientos que admitan perros o simplemente cambiar sus rutas de paseo para exponer a su perro a diferentes vistas y olores.

La formación avanzada también podría centrarse en habilidades prácticas del mundo real. Esto puede implicar mejorar la etiqueta de la correa en circunstancias extremadamente estimulantes, refinar el retiro en lugares abiertos o enseñar a su perro a instalarse cómodamente en lugares públicos como cafés al aire libre. Estas habilidades aumentan la capacidad de su perro para ser un compañero con buen comportamiento en numerosas situaciones.

Para los caninos que han adquirido un alto grado de entrenamiento, podría considerar trabajar para obtener la certificación de perros de terapia o participar en programas caninos de buenos ciudadanos. Estos no solo proporcionan objetivos a los que aspirar, sino que también abren oportunidades para que su perro tenga un impacto positivo en la comunidad.

Es fundamental personalizar la educación continua según los requisitos, habilidades e intereses específicos de su perro. Algunos perros pueden prosperar con las dificultades de la obediencia avanzada o los deportes caninos, mientras que otros podrían disfrutar de actividades más relajadas como trabajar la nariz o entrenar trucos. Presta atención a lo que tu perro aprecia y úsalo para impulsar tus esfuerzos de entrenamiento continuo.

A medida que los perros envejecen, la educación continua debe adaptarse a sus crecientes capacidades físicas y mentales. Los perros mayores pueden beneficiarse significativamente de la estimulación mental continua, aunque es posible que sea necesario modificar los ejercicios para cumplir con las restricciones físicas. El ejercicio suave, los juegos de olores y el aprendizaje de comportamientos nuevos y de bajo impacto pueden ayudar a mantener a los perros mayores intelectualmente alertas y comprometidos.

Recuerde que la educación continua no se trata simplemente de sesiones de capacitación formal. Cada interacción con tu perro es una oportunidad de aprendizaje y refuerzo. La coherencia en su vida diaria, mantener una comunicación clara y reforzar constantemente un comportamiento excelente contribuyen a la educación continua de su perro.

Por último, la educación continua en el adiestramiento canino tiene que ver tanto con el dueño como con el perro. Mejorar su sincronización, consistencia y capacidad para leer el lenguaje corporal de su perro aumentará su eficacia como entrenador. Considere grabar en video sus sesiones de capacitación para realizar una autoevaluación o trabajar con un entrenador profesional para desarrollar sus habilidades.

En conclusión, la educación continua en el adiestramiento canino es un compromiso de por vida que ofrece diversos beneficios. Mantiene la mente de su perro ocupada, refuerza y mejora los comportamientos enseñados, desarrolla su vínculo y ayuda a garantizar que su perro siga siendo un compañero adaptable y de buen comportamiento durante toda su vida. Al comprometerse con el aprendizaje y la práctica continuos, estás invirtiendo en una relación alegre y armoniosa con tu amigo canino.

Oferta especial

20 golosinas caseras que son efectivas para el adiestramiento de refuerzo positivo de perros

1. Bocaditos de plátano y mantequilla de maní

Ingredientes:
- 1 plátano maduro
- 1/3 taza de mantequilla de maní natural (sin xilitol)
- 1 taza de harina integral

Instrucciones:
1. Precalienta el horno a 350°F (175°C).
2. Tritura el plátano en un bol.
3. Mezcle la mantequilla de maní y la harina hasta que se forme una masa.
4. Estirar la masa y cortarla en trozos pequeños.

5. Colóquelo en una bandeja para hornear y hornee durante 10 a 12 minutos.

6. Deje enfriar completamente antes de servir.

2. Tiras de cecina de pollo

Ingredientes:
- 1 libra de pechuga de pollo deshuesada y sin piel

Instrucciones:
1. Precalienta el horno a 170°F (75°C) o la temperatura más baja.
2. Cortar el pollo en tiras finas.
3. Coloque las tiras en una bandeja para hornear forrada con papel pergamino.
4. Hornee durante 2 a 3 horas, o hasta que esté completamente seco y con apariencia de cecina.
5. Deje enfriar antes de guardarlo en un recipiente hermético.

3. Masticables de camote

Ingredientes:

- 1 batata grande

Instrucciones:

1. Precalienta el horno a 250°F (120°C).
2. Lave y corte el camote en rodajas de 1/4 de pulgada de grosor.
3. Coloque las rebanadas en una bandeja para hornear forrada con papel pergamino.
4. Hornee durante 2-3 horas, volteando a la mitad, hasta que esté seco y masticable.
5. Deje enfriar completamente antes de servir.

4. Paletas de yogur helado

Ingredientes:

- 1 taza de yogur natural bajo en grasa
- 1/4 taza de mantequilla de maní (sin xilitol)
- 1 cucharada de miel

Instrucciones:

1. Mezclar todos los ingredientes en un bol.

2. Vierta en cubiteras o moldes pequeños.

3. Congele durante al menos 2 horas.

4. Saque y sirva según sea necesario.

5. Bolas de avena y zanahoria

Ingredientes:

- 1 taza de zanahorias ralladas
- 1/2 taza de copos de avena
- 1/4 taza de mantequilla de maní (sin xilitol)

Instrucciones:

1. Mezclar todos los ingredientes en un bol.
2. Forme bolitas.
3. Refrigere por 1 hora antes de servir.

6. Golosinas para el entrenamiento del hígado

Ingredientes:

- 1 libra de hígado de res
- 1 taza de harina integral

Instrucciones:

1. Precalienta el horno a 350°F (175°C).

2. Haga puré de hígado en un procesador de alimentos.

3. Mezcle la harina para formar una masa untable.

4. Extienda la mezcla sobre una bandeja para hornear forrada con papel pergamino.

5. Hornee durante 15-20 minutos.

6. Deje enfriar y luego córtalo en cuadritos.

7. Galletas de calabaza y mantequilla de maní

Ingredientes:

- 1 taza de puré de calabaza
- 1/2 taza de mantequilla de maní (sin xilitol)
- 1 1/2 tazas de harina integral
- 1/2 cucharadita de canela

Instrucciones:

1. Precalienta el horno a 350°F (175°C).

2. Mezcle la calabaza y la mantequilla de maní en un bol.

3. Agregue la harina y la canela para formar una masa.

4. Estirar y cortar en formas pequeñas.

5. Hornee durante 12-15 minutos.

6. Dejar enfriar antes de servir.

8. Crujientes De Salmón

Ingredientes:

- 1 lata de salmón escurrido
- 1 huevo
- 1 taza de harina integral

Instrucciones:

1. Precalienta el horno a 350°F (175°C).

2. Mezclar el salmón y el huevo en un bol.

3. Agrega poco a poco la harina hasta formar una masa.

4. Estirar y cortar en formas pequeñas.

5. Hornee durante 20-25 minutos hasta que esté crujiente.

6. Deje enfriar completamente antes de servir.

9. Delicias de manzana y canela

Ingredientes:
- 1 manzana rallada
- 1/4 taza de miel
- 1 taza de harina de avena
- 1/2 cucharadita de canela

Instrucciones:
1. Precalienta el horno a 350°F (175°C).
2. Mezclar todos los ingredientes en un bol hasta formar una masa.
3. Estirar y cortar en formas pequeñas.
4. Hornee por 15 minutos.
5. Dejar enfriar antes de servir.

10. Paletas de plátano congeladas

Ingredientes:
- 2 plátanos maduros
- 1/4 taza de yogur natural

Instrucciones:
1. Tritura los plátanos en un bol.
2. Incorpora el yogur.
3. Vierta la mezcla en bandejas para cubitos de hielo o moldes pequeños.
4. Congele durante al menos 2 horas.
5. Saque y sirva según sea necesario.

11. Bocaditos de verduras con queso

Ingredientes:
- 1 taza de verduras ralladas (zanahoria, calabacín o boniato)
- 1/2 taza de queso cheddar rallado
- 1 huevo
- 1/2 taza de harina integral

Instrucciones:

1. Precalienta el horno a 350°F (175°C).

2. Mezclar todos los ingredientes en un bol.

3. Deje caer cucharadas pequeñas en una bandeja para hornear forrada con papel pergamino.

4. Hornee durante 15-20 minutos hasta que esté dorado.

5. Dejar enfriar antes de servir.

12. Pavo y bolas de arroz

Ingredientes:

- 1 taza de pavo molido cocido
- 1/2 taza de arroz integral cocido
- 1 huevo

Instrucciones:

1. Mezclar todos los ingredientes en un bol.

2. Forme bolitas.

3. Colóquelo en una bandeja para hornear y congelar durante 1 hora.

4. Transfiera a una bolsa para congelador para guardarlo.

5. Descongelar antes de servir.

13. Delicias de avena y arándanos

Ingredientes:

- 1 taza de arándanos frescos
- 1 taza de copos de avena
- 1/2 taza de harina integral
- 1 huevo

Instrucciones:

1. Precalienta el horno a 350°F (175°C).
2. Triture los arándanos en un bol.
3. Mezcle los ingredientes restantes para formar una masa.
4. Estirar y cortar en formas pequeñas.
5. Hornee durante 15-20 minutos.
6. Dejar enfriar antes de servir.

14. Albóndigas de carne y verduras

Ingredientes:

- 1 libra de carne molida magra
- 1 taza de verduras ralladas (zanahoria, calabacín o boniato)
- 1 huevo

Instrucciones:

1. Precalienta el horno a 375°F (190°C).
2. Mezclar todos los ingredientes en un bol.
3. Forme pequeñas albóndigas.
4. Colóquelo en una bandeja para hornear y hornee durante 15 a 20 minutos.
5. Deje enfriar antes de servir o congelar.

15. Delicias congeladas de mantequilla de maní y calabaza

Ingredientes:
- 1 taza de puré de calabaza
- 1/4 taza de mantequilla de maní (sin xilitol)
- 1/4 taza de yogur natural

Instrucciones:

1. Mezclar todos los ingredientes en un bol.
2. Vierta en bandejas para cubitos de hielo o moldes pequeños.
3. Congele durante al menos 2 horas.
4. Saque y sirva según sea necesario.

16. Crujientes de judías verdes

Ingredientes:

- 2 tazas de judías verdes frescas, cortadas
- 1 cucharada de aceite de oliva

Instrucciones:

1. Precalienta el horno a 200°F (95°C).
2. Mezcle las judías verdes con aceite de oliva.
3. Extienda sobre una bandeja para hornear forrada con papel pergamino.
4. Hornee durante 2-3 horas hasta que esté crujiente.
5. Deje enfriar completamente antes de servir.

17. Bocados de entrenamiento de atún

Ingredientes:

- 1 lata de atún en agua, escurrido
- 1 huevo
- 1 taza de harina de avena

Instrucciones:

1. Precalienta el horno a 350°F (175°C).
2. Mezclar todos los ingredientes en un bol hasta formar una masa.
3. Estirar y cortar en formas pequeñas.
4. Hornee durante 12-15 minutos.
5. Dejar enfriar antes de servir.

18. Gotas de yogur helado de fresa

Ingredientes:

- 1 taza de fresas frescas, hechas puré
- 1/2 taza de yogur natural

Instrucciones:

1. Mezclar el puré de fresa y el yogur en un bol.

2. Vierta la mezcla en una bolsa de plástico y corte una esquina.

3. Coloque pequeñas gotas en una bandeja para hornear forrada con papel pergamino.

4. Congele durante al menos 1 hora.

5. Transfiera a una bolsa para congelador para guardarlo.

19. Bocaditos de pollo y camote

Ingredientes:
- 1 taza de pollo cocido y desmenuzado
- 1/2 taza de puré de camote
- 1/4 taza de harina de coco

Instrucciones:
1. Precalienta el horno a 350°F (175°C).
2. Mezclar todos los ingredientes en un bol.
3. Forme bolitas o formas pequeñas.
4. Colóquelo en una bandeja para hornear y hornee durante 15 a 20 minutos.
5. Dejar enfriar antes de servir.

20. Delicias de entrenamiento con zanahoria y perejil

Ingredientes:
- 1 taza de zanahorias ralladas
- 1/4 taza de perejil fresco picado
- 1 huevo
- 1 taza de harina integral

Instrucciones:

1. Precalienta el horno a 350°F (175°C).

2. Mezcle las zanahorias, el perejil y el huevo en un bol.

3. Agrega poco a poco la harina hasta formar una masa.

4. Estirar y cortar en formas pequeñas.

5. Hornee durante 15-20 minutos hasta que esté firme.

6. Deje enfriar completamente antes de servir.

Consejos generales para golosinas caseras para perros:

1. Consulte siempre con su veterinario antes de introducir nuevos alimentos en la dieta de su perro, especialmente si su perro tiene algún problema de salud o alergia.

2. Mantenga las golosinas pequeñas, especialmente para fines de entrenamiento. Las golosinas no deben representar más del 10% de la ingesta calórica diaria de su perro.

3. Guarde las delicias caseras en un recipiente hermético en el refrigerador hasta por una semana o en el congelador hasta tres meses.

4. Cuando utilice ingredientes como mantequilla de maní, asegúrese siempre de que no contengan xilitol, que es tóxico para los perros.

5. Introduzca gradualmente nuevas golosinas y esté atento a cualquier signo de malestar digestivo o reacción alérgica.

6. Ajuste los tiempos de cocción según sea necesario según el tamaño de sus delicias y el rendimiento de su horno.

7. Para las golosinas congeladas, supervise siempre a su perro para evitar que se atragante, especialmente si tiende a tragar la comida.

Estas golosinas caseras ofrecen una variedad de sabores y texturas para mantener el interés de su perro durante las sesiones de entrenamiento. Están elaborados con ingredientes saludables y se pueden personalizar según las preferencias y necesidades dietéticas de su perro. Recuerde, la clave para un entrenamiento de refuerzo positivo eficaz es la constancia y el tiempo, por lo que tener a mano una variedad de golosinas de alto valor puede ayudar a que sus sesiones de entrenamiento sean atractivas y exitosas.